生如长河，你要自渡

张洁 著

YNK 云南科技出版社
·昆明·

图书在版编目（CIP）数据

生如长河，你要自渡 / 张洁著. -- 昆明：云南科
技出版社, 2025. 3. -- ISBN 978-7-5587-6054-9

Ⅰ. B821-49

中国国家版本馆CIP数据核字第2025165SK3号

生如长河，你要自渡

SHENG RU CHANGHE, NI YAO ZIDU

张　洁　著

责任编辑：叶佳林
特约编辑：刘慧滢
封面设计：韩海静
责任校对：孙玮贤
责任印制：蒋丽芬

书　　号：ISBN 978-7-5587-6054-9
印　　刷：三河市南阳印刷有限公司
开　　本：710mm×1000mm　1/16
印　　张：12
字　　数：120千字
版　　次：2025年3月第1版
印　　次：2025年3月第1次印刷
定　　价：59.00元

出版发行：云南科技出版社
地　　址：昆明市环城西路609号
电　　话：0871-64192752

前　言

这世界上有一类女人，她们无比卑微地生存着，各自在属于自己的泥淖里扑腾着、挣扎着，无比虔诚地为周遭奉献着属于自己的一切，不问回报。然而，泥浆翻涌，永远留不下属于她们的痕迹。

后来，诸多的刁难与她们不期而遇，没有人因为受过恩惠而伸出援手，以至于大雨倾盆，她们孤立无援，直至冰凉的雨水冲刷净身上的泥泞，她们才终于看到了弱小的自己。

她们错了吗？当然，懦弱与卑微本身就是一种过错啊。

尼采说："在世人中间不愿渴死的人，必须学会从一切杯子里痛饮。在世人中间保持清洁的人，必须懂得用脏水也可以洗身。"身为女人，最能自保的处世之道就是，对世俗不屑一顾，同时又与其"同流合污"。

所以，不管是事业或是婚姻，你都应该多一份私心，因为这可能是你在困顿中，唯一可以自我救赎的筹码。

现在，反思一下：你的前半生都在做什么？孤注一掷地耗费了全部精力和时间，去成就男人的人生？那你的人生呢？

婚姻就像跷跷板，一定要保持微妙的平衡，否则他升得越来越高，也就意味着你越来越低，到了最后，你将他送至巅峰，可他却不屑于俯视低处的你，你又要如何自处呢？

　　一个人经济不独立，那么连生气发火的时候，心里都是虚的。如果你只能依赖男人才得以生存下去，那无异于将命运的主控权交给了旁人。因为你不能永远靠着他的良心过活，人性经不起这些考验，它更需要的是保全、掩护和遮盖。

　　这世界上无能为力的女人已经太多了，我多希望你能有心有力。生命那么短，风光要看尽，你应该尽情享受这个世界，而不是蹉跎自己的年华。如果你已经失败够久了，那就与过去诀别吧。

　　人性中最耀眼的光辉，并不在于永不跌倒，而是跌倒后还能爬起来。

　　我曾在这条路上跌倒了无数次，天资愚钝，生性懒惰，可我却坚持写了十年的字，直到今天让你看到，我这样潦草的人也能走到今天。那么，你呢？

　　人间烟火，各有各的遗憾，但今天比昨天好，就是希望。睁开双眼去看清自己吧，你远比自己想象中的强大。

　　所以，我祝你昂扬不羁，而非早生贵子。

　　所以，我祝你中流击楫，而非温婉贤良。

张洁

目　录

Chapter 1　基层女性，如何突出重围

Chapter 2　看见世界，看见自己

生如长河，你要自渡

Chapter 3 经营好你的三十岁

Chapter 4 朋友圈≠社交圈

Chapter 5 外在形象，由我定义

Chapter 6　婚姻：和谁过，都是和自己过

Chapter 7　情绪稳定，拒绝内耗

Chapter 8　高财商女子养成术

Chapter 9　二次长大：你只是成年了，你还没有长大

Chapter 1

基层女性，如何突出重围

走出底层逻辑

"衣食足而知荣辱，仓廪实而知礼节。"贫穷本身并不可悲，可悲的是把自己封印在最底层的逻辑里，不允许自己改变，更不允许别人打破规则。

我大学时的一位室友，叫媛媛。人和名字一样，很漂亮。

她家住在大山的脚下，当地非常闭塞，那里的落后和贫穷放置在现在这个浮华的世界里，让人有些难以置信。

她的妈妈在年轻的时候曾以优异的成绩考入高中，却只读了一年，就因为交不起学费而辍学了，后来当了一名小学老师。她爸爸是军人，人长得精神，也勤快，转业之后就自己找事做。

那一年，她的父母东拼西凑了一笔钱，搭了四个大棚，种植草莓。在 20 世纪 80 年代末，这绝对是需要很大魄力才能做的事，投资太大，前景未知，全村人都不看好。毕竟在那个年代的庄稼人眼里，种玉米和水稻才是正路。

为了节省人工成本，她爸爸用蜜蜂授粉。一个五十米的大棚，养四箱蜜蜂就可以达到授粉目的。同时，草莓也不用多次灌溉，半个多月浇一次水就行，湿度太大，草莓就会不甜了。所以，种草莓远比种庄稼更省时、省心。

眼看着小半年就快过去了，地里的草莓已经开始红了，一车车的草莓往外运，供不应求，价格也一涨再涨。那时候，她的零用钱比别的孩子多好多。

就在他们喜出望外的收获期，一场暴风雨来了。东北气候多变，大棚扎得也牢固，可危险的并不是风雨，而是人心。

是的，就在那个雨夜，四个大棚被人用刀割出来好几个大口子，割坏的地方还特意用图钉掀翻过去，让雨水灌得更多一些。

第二天清晨，她妈妈来时草莓秧全漂在水里，蜜蜂全被暴雨砸死在地上。没过几天，草莓秧就全烂在了地里。她说那一年，她家遭受了灭顶之灾。

这个事件的直接后果，就是让整个家又回到赤贫状态。

从那以后，她妈妈拼命地学习，参加各种自考，就是为了调到镇上——这几乎成了她妈妈的一个执念。

没人知道她妈妈是怎么一边照顾幼小的孩子，一边照顾心急生病的老人，又一边教书，还用最短的时间通过了自学考试的所有科目。

不管怎样，她妈妈做到了以编制内教师的身份，进入镇上最好的初中。

他们把地租了出去，搬进了学校的家属区，从此不用担心门前的路被人刻意刨出垄沟，每到下雨天水就往屋子里灌，也不用担心有人在哪个月黑风高的夜晚，翻过围墙毒死狗、偷走鸡。

所有的不公平，源自她家的经济条件要比附近村民的好一些，

生如长河，你要自渡

两口子又都有稳定的工作，居然还"妄图"跨越和大家一样的贫穷底线。

大家都被困在惨淡无望的牢笼中，凭什么你们想逃出这样的窒息与绝望？多么可怕的人性逻辑。

"衣食足而知荣辱，仓廪实而知礼节。"贫穷本身并不可悲，可悲的是把自己封印在最底层的逻辑里，不允许自己改变，更不允许别人打破规则。

物质上的匮乏需要不断面临人性的拷问。然而，人性根本经不起拷问。所以，我们要做的就是让自己强大起来，走出底层逻辑。

工作时忘记性别

所有的锲而不舍、披荆斩棘、勇往直前，都会在日后交织在一起，为你打造一顶王冠，在旅途的彼端，为你加冕。

一个女人为什么要那么拼?

因为职场没有性别，只有角逐。适者生存，不适者出局。

我原来的一个室友，叫薇薇，在一家大型的外资企业做市场调研，主要负责搜集竞争对手的市场数据及作前景分析。

这份工作真的很辛苦，每天要拿着调研表奔走好几条街，做各种陌生访问，换来各种白眼和敷衍，内心脆弱一点的都会打退堂鼓。那时的薇薇刚毕业没多久，面子薄又怕辛苦，太阳稍微大一点，她就烦躁不安，被拒绝几次，她内心就承受不了了。

一想到公司把这种既耗体力又不被待见的活交给一个女孩子，她就十分火大。于是，她开始偷懒，数据靠编造，撰写报告也是敷衍了事。直到有一天，她的直属领导找到她，让她去寻找下一份工

生如長河，你要自渡

作，她才恍然大悟。

那是一场漫长又难熬的谈话，她开始时羞愧内疚，之后无地自容。

其实大城市的工作很容易找，她之所以红了脸又红了眼，是因为她狠狠地错过，又被彻底地揭穿了。

她的直属领导对她说："为什么那么多企业倾向招男不招女，就是因为有太多像你这样拈轻怕重的姑娘。"

是啊，职场上从来都是靠实力吃饭，你因循苟且从春天走来，大概过不完春天就要离开……

莎士比亚曾说过这样一句话："弱者，你的名字是女人。"数百年来，广为流传，不仅为社会所公认，也为女性所标榜，以至于在相当长的时间里，女人都以柔弱为美。然而，时过境迁，这个时代对女性的要求早已与柔弱无关。

我刚来北京的时候，因为是应届毕业生，还是外地的，在我们那个以男性为主导的公司里，每天都干着全公司最累的活。有一次，为了拿下一个项目，我坐了好几个小时的车，临近日落才到了那个位于北京郊区的大厂子，在那个荒无人烟的地方，我深一脚、浅一脚地独自奔赴。

那边的领导本就不打算同我们谈这个项目，于是找了借口避而不见。我就那样坐在厂区的门口等着他开完会，等着他吃完饭，等着他下班，等着他没办法无视我……

夜幕降临的时候，他终于出来了，看到了满脚泥泞、有些狼狈却目光坚定的我，愣了一下。终于给了我一个做项目分析的机会，我把脑子里早就循环了无数次的分析数据和优势对比，一一讲给他听。那天晚上很顺利，我成功地拿下了这个全公司都以为签不下来的合同。

等往回走的时候，天已经黑了。我一个人在夜色里走了很久才等到了一辆公交车，下了公交车换乘地铁的时候，天又开始下雨。半个小时的路程，狂风肆虐，我硬是没打车。坐在地铁里，爸爸发短信问我吃饭了吗，我用湿透了的衣服擦了擦手，给他回道："早吃完啦，看电视呢！"

租的房子在六楼，楼道里的灯忽闪忽灭。隔壁的室友还没回来，我从厨房拿来几个盆放在了屋中漏雨的地方，然后换了身干净的衣服，躺在了熟悉的床上，终于放声大哭——为这一程黑暗漫长的路，为那一路黯淡的路灯。

那一年，我是七个通过实习考察的员工中，唯一的女性。

我知道那些奋斗背后的辛酸，那些职场上的不公，那些漆黑的夜，那些狂风暴雨，那些颠沛流离，正在悄无声息地改变着我，让我的内心变得坚硬，变得无所畏惧。

我们总要学会一个人修马桶，学会颤颤巍巍地攀到椅子上换灯泡，学会应对上司的各种刁难，学会处理职场上复杂难解的问题……你应对不了生活对你的挑衅，就看不到这个世界的美好与良善。

这个社会，不会因为你是女人，就温柔缱绻地对你。你要享受生活，就一定要"承受"生活。所以，感谢那些在黑夜里一边跟自己说着"加油"一边往前走的日子吧，是它们成就了今天的我们，让我们有本事站在更高的平台上去迎接那些终将到来的回报与荣耀。

要知道，所有的锲而不舍、披荆斩棘、勇往直前，都会在日后交织在一起，为你打造一顶王冠，在旅途的彼端，为你加冕。那一天，你穿着的不再是父亲给你买的公主裙，不再是男人送你的小洋装，而是你亲手打造的铠甲。那样的你，才是真正的女王！

生而为女，我的原罪？

只有你真正强大起来，才能衬得从前的那些伤害足够渺小，你才能真的放下。

我的妈妈，终其一生想要个儿子。可她一连生了三个女儿。

我家在北方的一个村子里，农闲时聊家常、晒粮食、打麻将是妇女们的主要社交活动，也是我最害怕的事情。我妈是个急脾气，说话很冲，时常与周遭发生口角，每当对方气不过拉出儿子，蔑视她门庭不旺的时候，她都会毫无底气如同一只斗败的公鸡，跑回家拿我撒气。

我的童年每天要面对的都是非打即骂，至今我都记得她拿手指戳在我的头上吼："你怎么就不是个儿子呢？"

我脾气倔强，怎么打都不吭声，也不哭，无论面对木头棍子还是鸡毛掸子。挨打的理由真的太多了：放学晚了没来得及做饭要挨打，同学借我东西没及时还要挨打，学校收学杂费要挨打……

我爸在这种时候总是以一个沉默者的身份出现，他大多时候是喝着小酒，喟叹自己没有儿子的人生。可以说，我的童年他基本没有参与过。有时候我不知道是该憎恨他没有施以援手，还是庆幸他没有加入。

小学二年级之后，我妈对于儿子的执念越来越重了，一直闹腾着要将大伯家的两个儿子过继一个来，说要继承香火。当然，未果。

等我上四年级的时候，她终于生了一个儿子，如获至宝，大喜过望。以至于她用尽了所有力气和精神头将我弟弟精心"照顾"至今。结果就是他已经十几岁了，连基本的自理能力都没有。

因为我妈对他过于宠爱，他变得极为自私、冷漠。八岁那年，他追着我打，因为我躲开了，他一脚踢到了椅子上，破了点皮，便坐在地上哭得一发不可收拾。我妈赶过来后，不由分说地打了我一巴掌，怒吼道："踢一脚，能疼到哪去！你躲什么！"

从那时起，我就知道弟弟是"血"，我是"水"，血浓于水。

往后，弟弟每一次欺负我，我都没有还过手，甚至很少躲，成功地浇铸了他无法无天的心性与蠢钝的情商。以至于后来他在一个村头恶霸面前耀武扬威，被揍得在医院躺了小半年，最后还成了一个跛子。

为这事我妈和我爸哭得死去活来，而我全程冷眼旁观。我妈骂我没良心、没人性。或许吧，长期生活在压抑与缺爱的环境中，致使我人性中善良的成分本就不多，我得省着点用。

高中毕业，我以超过重点本科线二十多分的成绩考入了南方的一所大学。我妈什么欣喜的表情都没有，只是淡淡地说了一句："要是你弟弟就好了。"

是啊，要是他考上就好了，这样我就可以辍学赚钱给他交学费，甚至给他娶媳妇。可惜啊，他那个令人着急的智商，连高中都没考上。

随着年龄的增长，我对亲情的向往与怨念越来越淡薄了，我也越来越孤单。而母亲也没了年轻时的那份气焰与张扬，对我似乎多了一份谦和，哪怕这份谦和里透着虚弱与疏远。

每个月跟家里通的一次电话，总是在客气、拘谨与冷场中结束，过程从始至终弥漫着尴尬。一直到我大学毕业，回家和父母交代我考研的打算时，才隐约感觉到他们有话对我说。

果不其然，整个对话在父亲的不自然以及母亲的据理力争中结束。大概意思就是，你一个女孩早就不该读书了，现在你还不想毕业，弟弟怎么办？他初中毕业，脚不好，以后还指望你给帮忙娶媳妇。所以现在赶紧找工作，以后每个月上交工资的一半，补贴家用。

是的，我那个活灵活现的母亲又回来了。

我大吵一架摔门而去，那是我这么多年以来第一次爆发，然而什么用都没有。

每年五千元的学费是我办理助学贷款解决的，生活费大部分是我打工赚的，他们所谓的"供我读书"只是每个月给我打四百元钱。不管怎样，我没能读研。找了一家实习单位，每个月有三千五百元的试用期工资，我妈不知道听谁说了，先是打电话问我要钱以供我弟在家打游戏，未遂。又威胁我要赡养费。我大怒，对着电话吼道："法律规定年满六十周岁或者是丧失劳动能力的情况才需要付赡养费，想要赡养费就去法院告我，我会把我除了租房子剩下的两千块钱分你们一半，以便你们供养那个'废物'吃喝玩乐！"

　　我的灵魂已经千疮百孔了，我不知道怎么去爱人，也不敢去组建家庭，我没有给别人温暖的能力啊。

　　以上是我的一个朋友用了一个晚上的时间，讲述的她前半生的牵绊。她说她想过报复，想过对那个贫瘠的家置之不理，可是年岁渐长，当她慢慢读懂人生的不易时，一切都释然了。

　　父母没有接受过太多教育，他们只知道拿着锄头在地里干活，他们只知道男人比女人插的秧更多、扛的稻子更重，被村里的坏小子偷鸡摸狗时，打出的拳头力气更大。

　　他们被落后的经济裹挟，大半生就那么灰扑扑地过来了，物质文明和精神文明仿佛离他们很远很远。可我们已经走出很远很远了，再回首时，他们已年过半百，仍旧守在地里，为了几个被老鼠啃了的玉米棒痛心疾首，你真的要狠心苛责吗？

　　怨怼伤害最大的始终是自己。你已经在一个冷漠不公的环境下长大，难道还忍心让自己在一个怨恨痛苦的环境下衰老吗？与这个世界和解吧，原谅那些过往。

　　当然，我说的原谅不是"你握着鞭子，没有鞭打我"的原谅，而是"鞭子在我手里，我选择不去鞭打你"的原谅。只有你真正强大起来，才能衬得从前的那些伤害足够渺小，你才能真的放下。

　　努力去掌控自己的人生吧，你的锋芒总有一天会磨钝他们思想上的棱角，你的成功总有一天会让他们不得不仰视。他们或许会觉悟，也或许不会，但那已经不重要了，因为你有能力挣脱了，过去不会重演。

生如长河，你要自渡

养好自己，不要假手于人

别把自己的一生交给别人，在阳光正好的日子里，留点努力给自己，留点空间给对方，留点体面给未来。

谁都想寻得一个可以依靠的肩膀，但这就像买彩票，一切要凭运气。

这世间最毒的一句情话就是"我养你"。它起初让你怦然心动，情难自已，火花四溅，然而，之后呢？唯有一屋的鸡零狗碎，尴尬不堪。

男人自信满满地跟你说："你照顾好家就行了，我来养你。"然后，你欢快地去跟对方核算，你一日三餐是多少钱，衣服鞋包是多少钱，美容护肤是多少钱，交友聚会是多少钱，然后告诉对方一个确切的数字。这激情也就退却了，人也就精神了。

男人所谓的"养"指的是"你在家做饭洗衣服看孩子照顾老人"的我养你，而不是"你在外逛街做 SPA 聚会旅行"的我养你。他们的核心意思和首要条件其实是你要"照顾好家"，而偏偏还要在这四个字后面加上"就行了"三个字，仿佛照顾好家这件事是无比简单的一件事，那语气，就像轻描淡写地说："你去海淀给我买栋楼就好了。"

所以，我们能做的就是养好自己，不要假手于人。

前阵子，去了一个久未见面的朋友那里做客。

她叫 Elena，在大学时就十分漂亮，惹人注目。拿到毕业证的时候，她同时拿到了一枚卡地亚的钻戒，大得惊人。

帮我开门的时候，我惊讶地发现，曾万年不脱妆的她不仅没化妆，还满脸油腻，头发乱糟糟地扎成一个马尾，穿着肥肥大大的睡衣，整个人的状态糟糕极了。

我环顾了一下这个屋子，沙发、茶几、榻榻米上到处都是衣服和杂物，角落里堆着还没来得及收的垃圾，厨房的水池里还装着满满的锅碗瓢盆，油渍和食物残渣到处都是。

我问她："你处女座的洁癖治愈了？"

她尴尬地笑笑，告诉我，生完孩子什么都治愈了，从前那些活色生香的享乐和小矫情，似乎已经是很多年前的事了。她现在所有精力都在家庭上，可即便这样，老公也已经很久没有回来了，或许是忙，或许是假装忙。婆婆总是不喜欢她，觉得她不会持家，更不会赚钱。前几天，小姑来借钱，还一副趾高气扬的态度，话里话外的意思就是"那都是我哥赚的，与你无关"。她觉得生活越来越没意思了。

的确没意思，被圈养，就是失去自我的过程。所以说，"我养你"是这个时代最毒的毒药。

打着爱情的幌子空手套白狼，你真有这个把握万无一失吗？这个世界是守恒的，物和物，人和人，都需要等价交换。你最后拿去的是什么，换来的是什么？用无可替代的灵魂和未知的前程换取随时能赚来的物质。亲爱的，你亏大了。

后来 Elena 告诉我，结婚七年，老公为了另一个女人要和她离婚，她不同意，他搬出去了，顺便断了她的信用卡，每个月只给两千块家用。她又问我，如果再生一个宝宝，老公的心思会不会回归家庭？我被她的逻辑惊呆了。

之后，一次同学聚会，Elena 没来，大家都在讨论她过得怎么样，我不语。有一个男生说看她的微博，她在国外，游走于不同国家，在伊斯坦布尔学着剪羊毛，在吉普赛选扎染的长裙，在迪拜选珠宝，在印尼的某一个厨房里辨别着香料做浓汤。可是上面的照片都看不清她的正脸。

后来几名女同学好奇，点进去仔细看了下，发现照片上的女人都不是同一个人。

原来，一个人的狼狈和贫穷，是连遮带掩也掩饰不住的。

Elena 最初就谋算错了，尔后又不肯放手，舍不得这七年的婚姻，最后只能惩罚自己搭上一个又一个七年。

她始终不明白的是，活着太难了，我们毕生都要"唱念做打"，一遍又一遍，才能换取物质上的些许满足，才能将自己养得肆意自在。而跳跃这一规则的后果，就是余生加倍地补上。

养好自己，本来就是不能假手于人的事。所以，别把自己的一生交给别人，在阳光正好的日子里，留点努力给自己，留点空间给对方，留点体面给未来。

深耕自己，克服时代的刁难

　　这个世界，求上得中，求中得下，若求下就什么都没
了。你想碌碌无为地过日子，那结果只会是凄凄惨惨过
一生。

　　一个人真正的成熟，莫过于懂得耐住寂寞，深耕自己。不拘泥于已有的成绩，不觊觎他人的果实，把时间和精力用在提升自己上。

　　在你呱呱坠地的那一刻，你人生的障碍就已经设定好了。这些障碍像一只只怪兽一样，在迎接你来的路上，慢慢苏醒。

　　所以，从你呱呱坠地的那一刻起，你要做的事情就是打一只又一只的怪兽。有一天，当你用尽全力，可连怪兽睁开全部眼睛的样子都看不到，你终于认命了，你人生的极限就在这里了，然后用你的余生去适应这个高度，哪怕它并不高。

　　这些怪兽有很多名字：财富、地位、阶层……

　　我知道你很委屈，因为你面对的怪兽太多了，可明明有的人只

须应付寥寥几只，而有些人面前根本毫无障碍。他们是怎么做到的？是祖辈的积累，是天赋的恩赐。

所以，如果你没有那么努力的祖宗，也没有那么好的天赋，那么除了努力，别无他法。

这世上，最该遭到鄙视的并不是失败的人，而是懒惰与妥协的人。

假如你的原生家庭普通，但交得起学费，吃得起健康的食物，买得起一百块钱一件的衣服，从小到大父母没虐待过你。这样年近三十，你还是一事无成，就要反省一下了。

长久的不努力，必然会造就长久的无能为力。等到彼时，你在人间的悲剧才正式上演。

这个时代对人充满了苛责，这个社会对人充满了要求。人们需要美食，所以要有厨师；人们需要房子，所以要有建筑工人；人们需要教育，所以要有教师……我们从出生开始就进入这样的解决人们需求的社会系统。这就要求我们每个人都要学习某种技能来满足他人的需求。可是，你的技能过硬吗？

长久地生活在自以为安稳舒服的环境中，从没想过进修，从没想过自我升级，我们身处在这个解决人们需求的社会体系中，不被需求的结果必然是被淘汰。

所以说，我们需要不断地深耕自己。当然，深耕自己，不是埋头蛮干，而是善于思考，不断总结，不断进取。学习是获取新技能的保障，一个不懂学习的人，一定会不断重复自己的错误，这样的人，即使付出了再多的努力，也难以做出成绩。

这个世界，求上得中，求中得下，若求下就什么都没了。你想碌碌无为地过日子，那结果只会是凄凄惨惨过一生。

所以，不管遭受了怎样的打击，你都必须咬紧牙关，哪怕违背了众意，四面楚歌，也要好好地撑起自己的事业，让自己不断升级。

别羡慕那些表面上的清闲与悠哉，因为无所事事地混日子，并没有太大的意义。唯有学习，才能让你汲取智慧，让你快速成长，让你不至于被生活打倒，让你拥有将全世界装进心中的豁达。

如果没有试过，你不会知道，当你把工作当作事业去做的时候，你周身会自带光芒，你身后会自带羽翼，那样的你，才是最美的你。

当然，我们并不是说你一定要赚多少钱，而是你必须认真工作，提升自己，有自己的人脉圈子，在属于自己的领域里，展现自己的精彩，而这也是你人生价值的体现。

歌手的歌，剑客的剑，文人的笔，只要人不死，都是不能放弃的。

生如长河，你当自渡

> 这个世界上若有若无的努力很多，漫不经心的敷衍很多，毫无道理的轻视很多，贪安好逸的私心很多，可是，脚踏实地的打拼都很少，能够自愈的伤口都很少，无所畏惧的勇气都很少……

"楼下一个男人病得要死，那间壁的一家唱着留声机；对面是弄孩子。楼上有两人狂笑；还有打牌声。河中的船上有女人哭着她死去的母亲。人类的悲欢并不相通，我只觉得他们吵闹。"

这就是鲁迅笔下的世道，每个人都在为自己而活，在自己的世界里兜兜转转。一切除自己以外的人都是过客甲乙丙丁，你依靠不了任何人。

在熙熙攘攘的人群中，你仿佛置身于黑暗幽深的洞渊，世间的热闹纷扰都与你无关。你只是一个人，无枝可依地冷眼看人间。如果你自己不够强大，那终有一日会被这黑暗吞噬。

我曾看过一部叫《蓝色茉莉》的电影，感触颇多。

作为全片的绝对主角，茉莉是一个自小被收养，很清楚自己想要什么并最终跻身上流社会的虚荣且势利的女人。

茉莉的丈夫哈尔是曼哈顿的商业名流，她每天的生活从下午茶开始，之后就是去买最贵的衣服和包包，以及参加各种纸醉金迷的聚会。

茉莉跟其他贵妇的口头禅就是，"我的先生总是喜欢给我制造惊喜，他太喜欢送我各种珠宝了"。直到有一天，她怀疑丈夫对自己不忠并向闺蜜倾诉时，却得到了"所有人都知道，只有你一个人不知道而已"的答案。那一刻，她的骄傲被玷污，她的优雅被践踏，她的自尊被玩弄。最终，她亲手扼杀了自己通过捷径赢来的一切。

是的，她的丈夫爱上了一个法国帮佣，在激怒中她拿起电话向联邦调查局揭发了自己的老公是个金融诈骗犯的事实。可她没想到二人会就此破产，并欠下大量债务。茉莉在哈佛读书的继子离家出走，丈夫在狱中自杀。

贫困潦倒的茉莉只能投靠同样拮据的妹妹。妹妹家住在一个偏僻的街区，那里充斥着劣质的香烟、廉价的酒水、妇女们粗鲁的叫骂声……这一切都在时刻提醒她，她已经被上流社会抛弃了。

她每一天都沉浸在过去的华丽与现实的嘲讽里，直到有一天，她遇到一个富贵的单身汉，她试图再搭上一张"长期饭票"，让自己回到过去奢侈的生活里。于是，她撒谎说自己是室内设计师，丈夫是个外科医生，因为心脏病去世，没有孩子。

很快，富贵的单身汉就爱上了优雅迷人的茉莉，并开始筹备婚礼。可令她措手不及的是，谎言终被戳穿，未婚夫弃她而去。

最后，继子和妹妹都对她充满了厌恶，她绝望地怀念着过去的

生如长河，你要自渡

贵妇生活，并自言自语地重复着："我好怀念我在巴黎街上买的那一条 Dior 高定裙，可是现实是我却坐在这里。我一无所有。"

人们无法想象这样一个落魄潦倒的女人，一年前有着怎样光彩照人的美，享受着怎样浮华奢靡的生活。

其实，女主最后是有机会凭借自己的努力逆转的，可导演偏偏就要打碎这个美梦，他撕开美好圆满的外衣，扼杀所有的希望，将一个残忍又真实的世界展示给我们：一个跻身上流社会的女人从巅峰到谷底的全貌。于是，茉莉的故事就这样悲伤地结束了。

天赐食于鸟，绝不会投食于巢，我们不能永远躲在巢里俯首乞食。哪有什么短剧里的人生，哪有什么爽剧里的女主，如果把相信奇迹的时间来相信报应，人就会从容很多，也踏实很多。

不是每个人都能够功成名遂的，我们中的绝大多数，注定要在或琐碎庸碌或诸多苦难的日子里，寻找破局之法，寻找生命的意义。

总有一天，我们会明白，真正能够救赎和治愈我们的，从来不是某个人、某件事，而是我们对待生活的态度，对待苦难的格局，我们本身就该拥有允许一切发生的力量。

这个世界上若有若无的努力很多，漫不经心的敷衍很多，毫无道理的觊觎很多，贪安好逸的私心很多，可是，脚踏实地的打拼却很少，能够自愈的伤口却很少，无所畏惧的勇气却很少……

人生山一程，水一程，没人能陪你走完全程，没人能时刻拯救你于水火，唯有自渡。所以，如果可以，希望你是那个逢山开路、遇水架桥的大女主。

Chapter 2

看见世界，看见自己

生如长河，你要自渡

永远是当打之年

年近不惑的女人，最忌自己吓自己。你得把自己当成一个少女来看待，在有限的生命里，对得起自己。

毕业十年，听到什么消息会让正在大快朵颐的你食不下咽？

一个同学的孩子考进名校了。

一个同学辞职做太太了。

一个同学出国深造了。

……

酸溜溜的情绪在你体内发酵，一点点蚕食着你高贵的尊严。正准备放入嘴中的那块色泽鲜亮、味醇汁浓的红烧肉，仿佛失去了本有的诱惑。你放下了筷子，不屑地"哼"了一声，怏怏地起身躺在了沙发上。

你怎么也想不明白，从前那个土里土气，一身衣服洗得发白，总是跟你借手机给家里打电话，为了省几块钱在食堂里犹豫不决的姑娘，今天怎么就穿上了 Chanel 套装，拿起了 Prada 手包，戴着

Cartier 的绿鬼腕表，脱胎换骨一般出现在你的视野里。明明前几年她还为还房贷没日没夜地在公司加班啊。

你也想不明白，从前那个因为奖学金，总是跟你暗地里较劲的女生，怎么就抢在你前头搬进了名校区，给了孩子更好的教育。明明前几年她和老公还因为创业失败，欠了一屁股债，她该翻不了身，一直被你俯视才对啊。

你更想不明白，初恋劈腿的那个惹人厌的女生，怎么就成了精英，将事业做得风生水起了。明明前几年她还到处厚着脸皮推销保险，你打过招呼的同学不仅没给她机会，还将她拒之门外。她该一直为生活挣扎，被你嘲弄才对啊。

……

于是，你愤愤不平地拿出了手机，刷起了短剧，世界又恢复平和、惬意了。

此时，客厅那积了灰的镜子，正映着你有些臃肿的身材，懒懒地躺在沙发里的样子。腰上的肉叠出了褶皱，和脸上的皱纹相得益彰。出了油的头发被随意地挽在脑后，和油脂分泌过旺的脸庞又是十分和谐。

你不知道别人家的镜子里映衬的是什么，是一败涂地后的奋起直追，是幡然醒悟后的扭转乾坤，是不甘平庸无为的朝乾夕惕。在她们的信念里，四十岁、五十岁，甚至六十岁都是当打之年，八十岁都能东山再起。而你呢？三十几岁的人就开始盼着退休后领取养老金，想让你扔下毫无发展的老本行去接受新鲜事物，太难了，你根本接受不了同应届生一起打拼，重新学起。

所以，你的生活里只剩下"舒服"两个字。其实，当一个人过分舒服的时候，往往并不是什么好事。相反，她会感到恐慌，感到焦虑，急于找到一种寄托，于是泡沫剧、游戏、言情小说轮番上阵，日复一日，年复一年，毫无长进。

富兰克林说："有的人二十五岁就死了，只是七十五岁才埋葬。"你还好，你坚持到了三十五岁才死掉。因为这一年，你意识到："我马上要四十岁了呀，我的前半生快过完了，我的一生已经成这个样子了。"于是，你在精神上投降了。

其实你想错了，你的一生已经定型成眼前的样子，可别人的人生却在进步，所以，你的后半生肯定不如现在，只会越来越差。时间不会停滞，社会也不会停滞，停滞的只有你自己。

年近不惑的女人，最忌自己吓自己。你得把自己当成一个少女看待，在有限的生命里，对得起自己。别总期待生活的顺遂，要知道困境才更容易成为前进的踏板，所以，我更希望你是生活的对手，而不是总附和听命于它。

生命里所有的灿烂，终究要靠努力去争取，这个没有年限。

人生的崩溃，缘于精神的荒芜

> 一个缺乏信仰的人，必然不会约束自己。你让他守住底线，可他早就没了底线。

钱婶垮了。像无数拆迁的暴发户一样，从巅峰到谷底，快得像一碗麻辣烫出锅的时间。

2012 年，我从北京搬到哈尔滨，认识了卖麻辣烫的钱婶。

钱婶每到农闲时候，都会在小区附近的棚子里出摊，底料都是自己配的，味道却出奇的好。生菜、木耳、鱼丸、香菇等一众食物，泡在翻红的汤汁里，随着炉火沸腾，沾染彼此的味道，融入彼此的灵魂。

那时的钱婶热情爽朗，每天哼着小调，和不善言辞、勤快老实的钱叔，欢快地煮着麻辣烫。在他们眼里，麻辣烫的浓烈与咸香才是日子的味道。可惜他们不知道的是，当所有食材一同奔向翻滚的汤锅里，也意味着一场"赴汤蹈火"。此后，欢喜、惨烈、落魄，贯穿了他们整个后半生。

那几年的哈尔滨到处都在征地、拆迁、盖房子。钱婶家恰好在周边有一百垧地（垧，公顷的俗称），他们村基本每户都有七八十垧，于是在全村的共同努力下，几乎是一夜之间，家家都分到了一笔天文数字的拆迁款。

就这样，那些拿着锄头任劳任怨在地里刨食的庄稼人，一夜暴富。结果呢？结果是平淡晦涩的生活，突然变得无比绚烂，欲望横生，存在感爆棚，仿佛血管里流淌的血液都变得高贵了。后果呢？后果难以描述。

起初是买车，百万级的"览胜"和"霸道"几乎每人一辆。是的，每人，不是每户。

然后是喝酒，男人们聚在一起没日没夜地喝酒打牌，几千块的酒，成箱地拉到饭桌前。然而欢愉总是短暂的，过后又是一阵阵空虚，所以才需要不断地续杯。

女人们呢？大多如钱婶，哭过了，嚎过了，闹过了，管不了，不管了。也开始学着男人一样消费，买貂皮大衣，买金银首饰，叮当挂一身，买各种亲朋好友鼓吹的直销品和传销品。

孩子呢？初中没念完就辍学了。这么有钱了还上什么学？

从前维持生计的小买卖被搁置了，财源断了，而手里的补偿款也被毫无节制地挥霍光了。但奢靡的生活习惯一旦养成，又如何戒得掉？于是各种信用卡又刷了一遍，只勉强坚持了一年，崩盘的那一天，整个村子如钱叔钱婶这般的人，不得不以六十几岁的身躯，外出打工还债。

没钱的时候是个穷人，有钱之后连个人都算不上，荒诞得很。而这荒诞缘于什么？缘于精神的荒芜，脆弱。

困惑、迷茫催生他们对金钱的向往。然而在收获一切之后，他们又再次陷入困惑和迷茫。没有信仰，没有目标，精神圣殿里没有支柱，溃败自然"水到渠成"。

卡夫卡在《午夜的沉默》里写道："人要生活，就一定要有信仰，信仰什么？相信一切事和一切时刻的合理的内在联系，相信生活作为整体将永远继续下去，相信最近的东西和最远的东西。"

人性永远不会是最简单的坏和最极端的好。你猜不透真挚里面有多少虚假，高尚里面掺杂多少卑劣，善意里面混合多少利益，甚至邪恶里也能看到美德。所以，你不能靠人性去驱使肉体行事，你要依靠的是理智，是信仰，是强大的精神世界。

一个缺乏信仰的人，必然不会约束自己。你让他守住底线，可他早就没了底线。总有一日，他会成为别人的地狱，当然，也是自己的地狱。

所以，去读书吧，让精神世界不必萎靡不振。去旅行吧，让视野超越你肤浅的认知。去做一切心怀善意的事吧，你心底的柔软，一定会成为抵御外界一切诱惑的城墙。

今年夏天，钱婶的麻辣烫小摊又开张了。钱叔依旧在忙碌地收钱，只是望着手里散碎的零钱，再也没有从前的那种幸福感了，而钱婶也不再欢快地哼着小调了，也许是生活的落差已经把她彻底打败了。

是的，五年后的麻辣烫，香气早已散去，辣椒的热情与食材的醇厚，再也吃不到了……

40+的女人，正在因为什么后悔？

明知道自己软弱，却不去抗争，最终只会在人们淡

漠的目光中，倒在街头，倒在比地面更低的地方。

林菲今年四十一岁了。二十七岁那年，她拥有了自己的孩子；孩子三岁后，她选择重返职场。三年的断档，一切重新开始，原来仅有的一点竞争力也几乎丧失了。新的职业、新的挑战，她每天做不完的事就是开会、培训。此时的她，内心是焦灼的，身体是疲惫的，睡眠是不足的，前途是渺茫的，脾气是暴躁的……

人在痛苦时通常有两个选择，一是努力，二是沉沦，而林菲选择了后者。于是，她像设计好的程序一样，过着按部就班的生活：每天买菜烧饭，洗衣服接送孩子，辅导作业……

可是，即使如此，家里还是乱糟糟的，孩子的学习成绩起色也不大，还要为婚姻担忧……感觉这世界背叛了她的每一滴汗水。从

前哪怕工作再辛苦，但年底的绩效是好看的，也算是得到认可；现在觉得一切都理所当然了。

她十分羡慕那些职场得意的女人，很后悔当初辞职在家，也很怀念以前轻盈的身体，看着镜子里自己臃肿不堪、头发油腻、皮肤松弛的样子，仿佛那些阳光灿烂、笑容甜美的日子已经是上辈子的事了，她心酸不已。

岑函今年三十九岁，感觉距离四十岁也就是一秒钟的事了。因为什么后悔呢？大概就是没有趁年轻好好赚钱吧。

那些曾以为走不出来的日子，就这么回不去了，而她既没有做好准备告别过去，也没有做好准备迎接未来，不管是精神还是物质。

这几年，陆续送走了她的父亲和公公，经历了亲人的离世后，她感觉人生着实难啊，生也难，死也难。两位老人都是癌症走的，幸好有医保，能报销一部分，不然她都不敢想象日子怎么继续下去。

虽然都是全力以赴治疗的，但是他们谁都没撑过半年，她后悔没让老人多活几年。一句"曾经沧海难为水"，道尽了她阴阳两隔的遗憾、爱而不得的苦、有缘无分的伤。

她的母亲和婆婆，年纪也大了，每年都要住一两次院。不管是经济上还是体力上，她都被压得喘不过气来。孩子十岁了，每个月钢琴、舞蹈、英语等课外班的费用都不敢细算。

很多时候她都在想，如果以前多努力一点，是不是现在的职位就会高一些，经济状况也会好一些，起码能让老人安心地看病、让孩子快乐地成长，不必像现在这样惶惶不可终日。她真的很后悔，事业上升期时没有积蓄力量，让自己可以从容面对中年生活的种种不堪。父母已经老去，孩子还未长大，现在每天都在用尽全力地去应对生活。

徐欣今年四十五岁了，她的老公是一名非常出色的医生。刚开始，她曾以为这样优秀的男人是上天送给她的惊喜。可是，不久之后，真正的"惊喜"才来——他出轨了，在新婚仅半年之后，他就爱上了别人。徐欣反应激烈，提出离婚，并且让他净身出户。他后悔了，跪下来求她，好话说尽了。徐欣心软了，选择了原谅他。

三年后，孩子出生了，日子又生动了起来。一天，她刚把孩子送到幼儿园，突然想起工作用的 U 盘忘记带了，转身回到家，以为他下了夜班在睡觉，特意轻手轻脚地开门……难以置信的是，过去的不堪，再次上演。

之后，长达半年的离婚拉锯战开始了，两边老人都不同意他们离婚，她老公更是后悔莫及，说什么都不离婚。一开始，她的态度非常坚决，可是，每当孩子要找爸爸时，她又有很深的负罪感，总觉得若让孩子成为单亲家庭的孩子，是自己对不起孩子，觉得自己有愧于孩子。最终，理智没有战胜情感，她还是妥协了，浑浑噩噩到现在。

现在，每次看到别人一家三口出门游玩，幸福满满的样子，她都羡慕不已。有时候她会想，如果她三十岁时第一次发现他出轨就离婚了，那么现在应该是过着另一种人生。有一个相亲相爱的人在身边，不会每天为了孩子勉强回到那个冰冷的家，不会对孩子充满愧疚。

四十岁，是一个已识乾坤大的年龄。女人到了这个时候，通常会开始审视自己的前半生。事业、金钱、婚姻这三个方面，在三十几岁时总容易犯下错误，有些错误是可以轻而易举弥补的，有些错误却是致命的。所以，如果你现在已经到了三十岁，那么有些事你必须知道。

明知道自己软弱，却不去抗争，最终只会在人们淡漠的目光中，倒在街头，倒在比地面更低的地方。

所以去工作吧，把自己放在舞台上，而非困在厨房里。你可以生时一无所有，但你不能死时仍旧贫困潦倒，从三十岁起，我们就要为人生的凛冬留出余粮。

当然，努力工作，不仅仅是为了经济独立，更是为了打破传统角色的束缚，实现自我价值。现代社会倡导性别平等和个人自由，女性有权利也有能力追求自己的职业梦想和事业成功。大环境已经创造好了，我们努力一点不是理所应当的吗？

关于婚姻，萧伯纳说，这个世界有点霸道，有点偏袒，有点蛮不讲理。所以有人被遗忘在人世间，有人被佩戴上主角光环。亲爱的，你不能靠上帝，你要去争取自己的光环，不能有丝毫退让。妥协可怕之处绝不仅仅是利益的丧失，而是人在痛苦之下忍受久了，意志也会一点点被蚕食，不仅找不到突围的路，还会丢弃想要突围的心，最终安于现状，忍受差的伴侣，接受差的婚姻。所以，如果你想离开一个人，一定要孤勇。

如果你30+，我不祝你一帆风顺，我祝你乘风破浪。

如果你40+，我祝你披甲再战，旗开得胜。

你的下半生才刚刚开始。凡是过往，皆为序章。从这一刻起，一切都是新的。

生如长河，你要自渡

读本好书，武装头脑

　　浅一层化妆是改变容颜，深一层化妆是改变灵魂，所以，姑娘，去读书吧。重重叠叠的文字背后，改变的不只是你的底蕴，更是你的命运。

　　有人说读了那么多书，如果还赚不到钱，最后岂不是竹篮打水一场空？

　　然而，事实上，哪怕是竹篮，也会因为一次次的洗礼变得更干净。人的头脑也一样，或许你并未记住书中的文字，但潜意识里，它们仍和你一起构建了你的价值观，让你明是非、辨真理。

　　同样一套房子，花五万和五十万装修，结果是不一样的。而你的头脑就是一座房子，读书就是装修的过程。所以，你的灵魂是粗鄙无聊，还是精致有趣，都是你自己打造的结果。

　　很多人觉得，读书是为了改变人的气质。其实读一个月的书，真不如减一个月肥，减肥更能提升气质。所以，读书最直观的改变，应是让灵魂更有趣，更强大。一个灵魂有趣且强大的女人，人生定然快活得多。

　　这样的女人，把脸埋在书后。书一放下，个人魅力就会四射出来，举手投足，尽显风采。她们懂古诗词里的优雅婉约，懂社会变迁的凶险旋律，懂建筑美学的视角观念，懂经济市场的未来走势，甚至懂墨尔本的咖啡和巴厘岛的祭祀。她们的视野越来越开阔，越来越少的问题能让她们恐惧和忧心。

　　世界太大，靠脚能走多远，只能靠思想去驰骋。于是，她们终于拥有了一个丰富、有趣的灵魂。这样的灵魂无不是吸引人的，因为她们的丰富，仿佛给人们展现了另一个世界。

　　我的一位大学同学，在谈到他的新婚妻子时，曾这样说：在飞机上看到她，落座后就手捧一本书在读，那神情仿佛世界不存在了。这个女人有点胖，不算漂亮，但就是觉得她很优雅，与众不同。

　　袅袅书香，熏陶出女人清雅的蕙兰之香，更帮助女人清理了内心的尘埃。从书中走出来的女人是有底蕴的，有趣的。这样的女人总能把读书当成一种享受，而她们在享受的同时，也成了一道亮丽的风景线，让人不禁驻足，心生爱慕。

　　曾经和朋友一起追老片《天龙八部》，觉得里面的人名起得都很好，只有阿朱和阿紫这两个名字很随意。朋友却淡淡地告诉我："不会啊，你没听过'恶紫夺朱'这个成语吗？我觉得最好的两个名字就是她们。"

　　这件事让我觉得自己特别无知。无知这个东西放在小孩子身上是天真可爱，可是我们已经是成年人了，是不是该值得反思呢？

　　你不爱读书，所以你看不懂名著，欣赏不了名画，那些价值连城的古董在你眼里不过是破碗碎瓷，那些文化气息浓厚的景区在你眼里，既无趣又耗时，在金钱与道德之间你经常摇摆不定，在进与退之间你畏首畏尾。你不知道，其实每个人都活在自己的"狱"里，困在里面，既狭隘又无知，只有读书，才能救赎。

书不是胭脂，却会使女人青春常在；书不是兵刃，但使女人铿锵有力。浅一层化妆是改变容颜，深一层化妆是改变灵魂，所以，姑娘，去读书吧。重重叠叠的文字背后，改变的不只是你的底蕴，更是你的命运。

如果你足够想要，那一定能得到

人，最大的武器是什么？是"豁出去"的决心。

想要的太多，顾虑的也多；

畏惧的太多，得到的太少。

你想来一场奋不顾身的爱情，却在牵手的那一刻踌躇不前；你想来一场说走就走的旅行，却害怕路上的雨雪风霜；你羡慕浪漫又温柔的冰岛温泉，却担心夜空中蒸腾出氤氲的水汽弄湿你的妆容……

你原以为永远不会看到的景色，永远不会遇见的美好，在你的蹉跎之间，真的永远不会与你相遇了。

我的一个朋友，像励志书一样优秀的女孩，本科以推荐生的身份毕业，研究生期间也是导师最得意的学生，跟着导师完成了两个国家级的项目，独立发表两篇 SCI，参加过半年的援非行动，履历丰厚得吓人。

毕业那会儿，我们都在慌不择路地选择落脚单位时，她已经以优厚的条件在 CBD 的写字楼里，完成了华丽的转身。

一次，她来北京，我招待她。那天我们吃的是东来顺火锅。她匆匆从公司赶来，那一身行头，至少十万。我笑着说："我从来没这么正式地和人吃过火锅。"她眉飞色舞地说："这是给客户看的，今天便宜你了。"

热气腾腾的火锅，让北京冰冷的夜晚暖和了许多。我逗她说："从前羡慕你的学分，后来羡慕你的顺利，现在我羡慕你手上的蓝气球，说到底我只是羡慕你的人设吧。"

她恍惚了一下说："我最羡慕的，是你无论做什么都有的底气。"

……

"从我有记忆起，家里就会陆陆续续有陌生人来，有的人待两三天，有的人待半个月，有的人吃顿饭就走了。儿时不懂事，总觉得挺不错的，毕竟这时母亲总会毕恭毕敬地做上几盘好菜。

"直到后来，来的人越来越多，他们说话的语气越来越凶。有好几次我的父母都在饭桌上被他们训斥得抬不起头，那种感觉很压抑，也很不解，明明今天的菜很好吃啊。直到后来我才知道，他们共同的名字：讨债者。

"后来饭桌被掀了，家里的东西被砸得乱七八糟，我一直引以为荣的父亲蜷缩在角落里痛哭流涕。母亲一边翻着东西，一边凶狠地咒骂着他。是的，比起讨债者丑陋的样子，父母的失态，更让我崩溃。

"深入骨髓的自卑，让我无论做什么都畏畏缩缩。没人知道，那些同龄孩子脸上的淡定与底气，是我多么迫切想要的。

"长大了，我知道没人能帮我了，只有学习，未来才有机会赚到钱，赚到很多钱，把爸爸丢失的尊严捡起来，把妈妈心底的怨恨消磨掉，把自己缺失的底气买回来。

"家境的困难让我这条路走得异常艰难，那么因为家庭助力的缺失，我要花多少倍的努力来补上，没人能说得清楚。"

······

一手烂牌打出一个"春天"，能证明什么？证明所有的做不到，都是因为不够想要。人，最大的武器是什么？是"豁出去"的决心。

换一个角度来说，我们总需要完成一些目标，享受一下欣喜若狂的时刻。然而，我们更需要的是，给自己一个交代，实现自己的人生价值。

当你足够想要，你会热情高涨，你会信仰坚定，你会憋着一口气，让那些看似本不属于你的东西，变得唾手可得。当然，这个过程可能痛苦异常，至于值不值得，你自己去衡量。

这世界上所有的绚丽，都需要你足够"想要"，所以我希望你能足够想要，且步履坚定。

生如长河，你要自渡

学会和自己相处

独处并非标志着孤独与落寞，而是一种面对自我时的思索。

我有个朋友，是营销界的精英，她曾参加过一次单位安排的情商成长课。在授课现场，讲师让大家做个游戏：每人在空旷的教室里找个单独的空间坐下，不能说话，也不能离开，限时十五分钟。

一向爱热闹的她马上行动起来。两分钟时，她开始四处张望，看同学们都在干什么；三分钟时，她有些蠢蠢欲动，摆弄着手机，心里想着老公在干什么呢；到了五分钟，她突然记起单位有些事情还没做完，开始坐立不安；十分钟过去了，她无奈地看着讲师，挤眉弄眼地示意能否快点结束这场"折磨"。当时间一到，她发现自己和周围的同学不约而同地大松一口气，教室里立即响起了一片热闹的交谈声，还有打电话的声音，仿佛要将刚才宁静的十五分钟恶补回来。

　　这时，讲师突然问道："请大家计算下，刚才的活动中，你们一心一意跟自己相处的时间有多少？"

　　她的答案几乎是零，这时她才恍然大悟，原来最难相处的是自己。

　　是的，独处时会让人听到许多声音，那是来自心底的声音，比静默更可怕，因为那是深深的孤独与寂寞。

　　相比于西方人，中国人更加害怕寂寞和孤独，不懂怎么享受一个人的时光；而且过于在乎别人的看法，总是想从别人的眼中寻找自己的存在感。为了不被贴上"不合群"的标签，而刻意让身边保持着人来人往的样子。

　　尤其是女人，她们的情感比男人更为丰富，一旦落单了，她们往往会顾影自怜，苦闷异常。所以大多数的女人害怕独处，不愿意面对被遗忘的处境，总想黏着他人，宁愿每天故作小鸟依人，或是陷入吃喝玩乐的应酬中去。

　　学学《好想好想谈恋爱》里的谭艾琳吧。无聊的假日、空旷的寓所，仿佛到处写满了寂寞。但是却有一个美丽的女人悠然自得地哼着歌在其中穿梭，于是整个氛围发生了质的变化。空旷的房间被悠扬的音乐包围，精致的菜肴、奢侈的红酒摆满整个餐桌，一个优雅娴静的女人坐在桌旁，自斟自饮，享用所有的美味。虽然没有人分享、没有人陪伴，但是从这个女人眼里却看不到一丝的落寞；相反，她看起来是那么满足和快乐！其实自得其乐并没有想象中那么困难。

　　独处是完全属于你自己的时间，你拥有完全的支配权，它只属于你一个人。你可以有很多种状态，可以读一本书、听一段音乐、看一场电影，也可以整理你的衣橱，试遍所有的衣服，或是翻翻旧照片，回忆一下"几百年前"的那个初恋男友，等等。只要能让你身心愉悦，你都可以去做。聪明的女人总能找到合适的方式排解心中的情绪，用独处的时光满足那被忽略已久的存在。

伍尔芙说过，女人要有一间"自己的屋子"。的确如此，每个女人都应该有一个这样的完全属于自己的"屋子"，这个"屋子"就是属于你自己的空间和时间。在这里，你可以做自己喜欢的事情，没有人打扰也没有人责怪。即使你已经习惯了身边的喧嚣、热闹和有人陪伴，也不要将自己的心灵城堡轻易废置。你需要不时地修葺、完善，才能让自己的心灵更为强大，经得住任何风雨。而独处为你提供了这样一种可能。

人生注定是一段孤独的旅程，独身来到世间，独身离开世界，只有学会独处，才能在寂寞的时候，找到心灵的自由空间。躲避寂寞，抗拒独处，是一个女人不成熟的表现。你要知道，每个人都需要自由的心灵空间，一些静思内省的时间。所以，独处并非标志着孤独与落寞，而是一种面对自我时的思索。

一群人的世界，热闹非凡；两个人的世界，温暖浪漫；而一个人的世界，意味深远。适度脱离群体，在没有被打扰的时间和空间里，完全依照自己的意愿来安排这段时光怎样度过，是一种莫大的自由。如果每天在这种"自由"中，能够做到自律，努力完善自己，提升自我，完成那些别人做不到的事情，也就成就了你自己。

"谈人，生是非；论事，多争执；情浓，有麻烦；曲高，无知音；故人宜独处。"人要学会与大自然独处，与生命独处，与自己独处。只有学会独处的人，心智才能算成熟。

选择怎样的生活方式是你的事，但前提是别忘了让自己快乐，让生活有意义，即使独处也是一样。

Chapter 3

经营好你的三十岁

三十岁之前，为自己定好位

别辜负从前的青春韶华，也别辜负后来的岁月沧桑。

在穿衣服的时候，如果第一颗纽扣扣错了，那么下面的扣子肯定会跟着出错。其实人生也是如此，如果我们前进的方向没有选对，那么不管我们未来有多努力，也很难成功。因为，此时你付出的努力越多，你离正确方向就越远。

人总是向往成功的，因为物质与个人价值的实现，能为我们带来安全感。所以，我们必须告别盲目的努力，找到人生的目标，在三十岁之前为自己定好位。

社会上有很多女人四十几岁了，仍然在职场上默默无闻，原地踏步，甚至是碌碌无为，时刻面临着被淘汰出局的可能。这样的职业生涯无疑是危险的，因为她们已经没有了年龄的优势，同时因为职业定位的模糊，使得她们这些年也没有巩固优化职业技能。如此，在经济环境不好的时候，任何风吹草动，都可能断送她们的经济来源。

所以，我们一定要在还没老去之前，给自己制定一个正确的目标，一个精准的定位。这样，即便我们的脚步缓慢，但我们却永远是在通往成功的道路上。

我毕业后第一次感到迷茫是 2010 年，每天早上起来都不知道为了什么。到了公司之后，身体机械地工作着，头脑却一片茫然。那里对于我来说就像个羊圈一样，人人都很和蔼，都很有亲和力，都能以最舒服的状态在工作。不过也因为舒服，每个人的成长都很慢。

后来，我在别人不解的目光中辞掉了工作，踏进了一个完全陌生的行业，这一次我知道我要的位子就在这儿。

相比于原来的公司，这里就是狼窝，每个员工都带着一股狼劲儿，每个人都目标清晰，所有人都为了自己的梦想努力着。一个策划做不好，不用领导批评，自己都会无地自容；任何一个瑕疵，都值得我们付出几个通宵来弥补。在碰撞与激进的状态下，每个人都在快速成长着，那种感觉好极了。

生命的价值并不在于它的长短，而在于是否能摆正自己的位置，散发自己的光芒。想想看，你现在所在的位置，能让你发出光芒吗？

有这样一个故事，曾无数次出现在成功学讲座上：

一个乞丐在一座城市的地铁口卖铅笔。

一名商人恰好路过，向乞丐的杯子里投入几枚硬币，匆匆而去。

过了一会儿后，商人回来取铅笔。他说："对不起，我忘记拿铅笔了，你知道的，你我都是商人。"

几年后，商人参加一个高级酒会，遇见一位衣冠楚楚的先生向他敬酒致谢。这位先生说，他就是当初卖铅笔的乞丐。他人生的改变得益于商人的那句话："你我都是商人。"

当你定位于乞丐，你就是乞丐；当你定位于商人，你就是商人。

只有方向正确，你才有成功的可能。你要记住所有的道路，都是你自己选择的。你今天走的路，也决定了你未来有怎样的人生。成功与失败的区别也就在于此，成功者为自己找到了精准的定位，并始终朝着这个方向赶路，而失败者往往不是定位错了，就是根本没有定位。

很多时候，我们总是在做一些无谓的努力，就好像我们想要寻找金矿，却妄图在海滩上挖掘，这样做的结果就是我们只能挖出一堆又一堆的沙土，而绝对不可能找到金子。所以，不要在不必要的地方付出你全部的精力，若要有所收获，必须选择正确的目标和定位。

美国的梭罗教授曾做过一个有趣的实验：把一些蜜蜂和苍蝇同时放进一个玻璃瓶里，让瓶底对着光亮处，瓶口对着暗处。结果，那些蜜蜂拼命地朝着光亮处挣扎，最终气力衰竭而死，而乱窜的苍蝇竟都溜出细口瓶颈逃生。

人生总是令人困惑，很多时候朝着一个方向努力地走，尽管已经筋疲力尽，但最终依然摆脱不了失败者的命运。所以，有些时候，不妨停下前进的脚步，看看自己努力的目标和方向是否正确。

对于即将迈入三十岁门槛的女人来说，人生马上要进入另一段奋斗的旅程。在进入之前，我们一定要为自己选择好一个定位。

很多人总认为投身于时下炙手可热的行业，就俨然处于光环的中心，梦寐以求的权力、地位和财富就都能得到，就能实现自我的价值。可是往往等他们兜兜转转了很多圈，花尽毕生的力气追求之后，才恍然大悟，原来自己真正喜欢也能做好的事情并没有做，而一直追求着的事物根本就不适合自己，或者根本没有意义。

每个姑娘在三十岁前都该给自己一个清晰的定位，不幸的是，她们中的绝大多数都忽略了这一点。

亲爱的姑娘，除去曾经美好的容颜，你的人生还应剩下奋斗的光芒。所以，别辜负从前的青春韶华，也别辜负后来的岁月沧桑。

生活要有自己的忙碌所在

如果你觉得生活空虚无望，人心难以琢磨，爱情患得患失，每日寝食难安，那么你一定是太闲了。赶紧让自己忙碌起来吧，因为忙是一剂治疗迷茫的良药。

有人说，一个人的躯体好比一辆汽车，你自己就是这辆汽车的驾驶员。如果你整天无所事事，空虚无聊，无心工作，没有理想，那么，你根本就不会知道驾驶的方向，更没有到达终点的那一天。所以，做人还是需要有自己的忙碌所在。

当然，忙碌，并不意味着无休止的工作或活动，而是指一种充实、有目标、有动力的生活状态。这种忙碌可以来自工作、学习、兴趣爱好、家庭责任或是个人成长等各个方面。

我曾经关注过一个叫"树画"的网络博主，她住在北方的一个小镇上，因为没有上班，整天无所事事，每天除了处理一些家务琐事，便是与邻居闲聊。小镇的生活节奏很慢，时间在她身边悄悄流逝，留下了一片空虚。她常常感到自己的生活缺乏意义，内心深处有一种难以言喻的空虚感。

直到一天，她在镇上的集市上看到了一些手工艺品，主要是用树枝做的山水画。它们精美独特，让她眼前一亮。她突然意识到，自己也可以尝试做一些手工艺品来填补生活的空白，甚至可能以此创业，让自己的生活更加充实。

于是，她开始了自己的潜心研究，每天都在镇上的林子里，寻找着自己需要的树枝、叶片，忙得不亦乐乎，生活一下子鲜活了起来。

就这样，她一边做着自己的手工艺品，一边用短视频记录下来并发到了平台上。越来越多的人喜欢上了她的作品，她也开始了自己的创业之路。

可见，充实的状态，不仅能让生活更加有意义，避免空虚无趣，还可以让我们不断挑战自己，提升能力，实现自我价值。

在文字这个圈子干了几年之后，我已经不需要再坐班了，每个月按时交稿就可以，如此宽松的氛围对于我来说其实并不像工作，更像是找乐子。起初我挺高兴的，那几篇稿子根本用不了多少时间，每天都可以睡懒觉，逛街吃饭随时都行，感觉棒棒哒。

可当最初的兴奋一过，我才发现这样的生活并不美好。老公每天去上班时，我还在睡大觉，中午一个人在家随便将就着吃点，一整天就在家里穿着睡衣到处晃悠，那种无聊到崩溃的感觉真是让人难以接受。更为头疼的是，当我脱离了人群，脱离了我的那些"八卦小姐妹"们，脱离了闷骚的文艺男同事，脱离了屋子以外的人间烟火，我再也写不出东西了。

就这样，我不断地追问自己：这真的是我想要的生活吗？答案是：不。或许几年后我可以到处写写逛逛，但现在不行。我还需要一份朝九晚五的工作，还需要淹没在大量的文案中，还需要洞察职场人性，还需要接地气地活着，所以我必须奔波忙碌起来。

女人，总要有自己的忙碌所在，这样就没有时间胡思乱想了，恋人间、夫妻间很多不必要的猜忌和芝麻大的小事儿也都会自动解除。更何况，整天吃喝玩乐、醉生梦死、无所事事的日子也是不健康的，时间长了，人也会变得空虚。

所以，如果生活中没有一个领域，能让你倾注绝大部分的热情，那么就找份工作吧，哪怕只是为了充实生活。

现代女性基本都有工作的能力，甚至有创造辉煌事业的能力，那么自然就不该放弃自己的大好前途。何况"清福"这种东西并不是谁都能消受得起的，与其坐等别人"赐福"给自己，不如主动争取来得理直气壮。

其实最闲的人，也是最累的人、最容易迷失的人。当一个女人感到空虚、没有自我的时候，时间的充裕并不是好事。相反，她会感到恐慌，感到焦虑，急于找到一种寄托，于是韩剧、言情小说轮番上阵。日复一日，年复一年，毫无长进。

因此，说到底，人还是要有自己的忙碌所在，只有这样，才能骄傲地站在大地上。不必自我逃避，不必为生而为人感到抱歉，不必在漫长的时间中，重新退化成四肢着地的动物。

姑娘，如果你觉得生活空虚无望，人心难以琢磨，爱情患得患失，每日寝食难安，那么你一定是太闲了。赶紧让自己忙碌起来吧，因为忙是一剂治疗迷茫的良药。

"高成"要从"低就"开始

海纳百川,不是它的能量无穷,而是因为它位置的低洼.人也同样.任何成功的人都是从低做起,从小事着手,一步一步地爬上来的.

尼采曾说过："一棵树要长得更高，接受更多的光明，那它的根就必须更深入黑暗。"人也同样，一个人要想成功，心可以放到高处，但手一定要放在低处。即通过脚踏实地的努力去实现自己的远大目标，而不是好高骛远，眼高手低。

我的一个朋友，叫杨桃，高中毕业后就去了美国留学，学习工商管理，当时同学们都很羡慕她。本科毕业后，她又去了新加坡继续深造。

在回国后，我以为她理所当然地会有一份高薪厚职，没想到同学聚会时，她告诉我她入职了一家中型旅游企业，担任市场助理。这个职位不管怎么看都不算高，我讶异之余还问了她，要不要帮她介绍一份福利好一些的工作，她笑着摇了摇头。

　　一年后再见面，她已经成了北方区域的总监了，我既好奇于她当年的选择，更好奇她如今的飞升。基于此，她给我讲述了她这一年的经历。

　　她毕业回国时空有理论，而且因为长年在国外，对国内的市场环境、职场规则完全不了解。所以，她选择从一家中型企业的基层做起，这样的话，实践经验和能力提升的机会就会多很多。

　　这一年，她过得异常充实，不仅要协助完成市场营销工作，还要负责管理社交媒体平台以及支持公共关系活动。同时，她还积极参加各种培训和交流活动，不断提升自己的综合素质和竞争力……这些多元化的工作经历和学习，不仅让她各方面的能力得到了快速增长，更拓展了她的人脉圈子。

　　可见，高学历女性并不需要把目标局限于高处，有的时候另辟蹊径，挑战自我，从"低就"开始，往往能让自己走得更远、爬得更高。

　　其实，高学历女性下基层并不容易，首先心理上就是一道难关，另外，家人质疑的态度、周围人狐疑的眼光，都会让自身犹豫不定。然而，这一切都是值得的。

　　首先，在基层岗位，员工能够更直接地接触公司的日常运营，了解各个部门和流程是如何相互作用的。这样深入的了解，对于未来在更高职位上作出有效决策至关重要。

　　其次，基层工作提供了宝贵的学习机会。在基层，员工将面对各种挑战和问题，这些都是学习和成长的绝佳机会。通过解决实际问题，员工可以提升自己的能力，并学会如何在压力下保持冷静和高效。

　　此外，从基层做起还有助于建立广泛的人际关系网络。在基层岗位，员工将与各个层级和部门的同事合作，这将为他们提供一个积累人脉的机会。这些人脉在未来可能会成为职业发展的宝贵资源。

当然，从基层做起并不意味着一直停留在基层。在积累了足够的经验和技能后，我们应该主动寻求晋升和发展的机会，不断追求个人的成长和发展。

海纳百川，不是它的能量无穷，而是因为它位置的低洼。人也同样。任何成功的人都是从低做起，从小事着手，一步一步地爬上来的。正所谓不积跬步，无以至千里；不积小流，无以成江海。从小的改变开始，总有一天能成就我们。

然而，这世上总有好高骛远的人，想一步登天，想平步青云，想"朝为田舍郎，暮登天子堂"……他们总是不想经过艰辛的过程而直达终点，不想打下基石而直达高处。他们追求快速成功，却忽略了自身实际能力和资源的限制。正所谓"欲速则不达"，这种浮夸的态度往往导致他们在工作中难以取得实质性的进展，甚至可能因为过于冒进而造成失败。

太急于"赢"的人，最后往往以失败收场；太急于达到目标的人，往往会与目标渐行渐远。过于注重速度也就是盲，盲则乱，乱则必然会出错，又怎能会成功呢？

都说人往高处走，可高处不胜寒，水往低处流，谁知低处纳百川。要想高成，先要低就。万丈高楼平地起，夯实地基为第一。

所以，亲爱的，你的地基打好了吗？

人生，没有太多时间去徘徊

> 人生没有太多的时间去犹豫徘徊，在你犹豫徘徊时，许多人就已经跑到了你的前面，许多机会也已经落在了你的身后。所以，女人要想成功，在做人、做事方面就必须斩钉截铁、干脆利落，不能拖泥带水。当断不断，反受其乱。

有这样一则故事：

二战期间，有一位母亲变卖了自己所有资产，试图用金钱赎回自己在战争中被敌军俘虏的两个儿子。她来到军营说明情况后，军官告知她只能以这种方式救回一个儿子，并限她三日之内作出选择。这个慈爱而饱受折磨的母亲，非常渴望救出自己的孩子，但是在这个紧要关头，她无法决定救哪一个孩子、牺牲哪一个孩子。就这样，她一直处于两难的巨大痛苦中，结果她的两个儿子都被处决了。

虽然在两个爱子中选择一个生、一个死的决定十分残忍，却是形势所迫。母亲明知如此，却犹豫不决、徘徊不定，最终让两个儿子都遇害了。如果说，军官害死了她的一个儿子，那么她自己就害死了另外一个儿子。"当断不断，反受其乱"说的就是这个道理。

歌德曾经说过："犹豫不决的人永远找不到最好的答案，因为机会会在他犹豫的时候已经失掉了。"所以，一个聪明的女人，必须抛弃犹豫不决、徘徊不定的习惯，当机遇来临时，必须果断地进行选择，迅速地采取行动，只有这样才能不错失良机。

人的一生要经历很多事情，有好的也有坏的。在任何时候，你都要权衡利弊，果断选择，万不可像不倒翁一样，左右摇摆不定，那样只会让你失去更多。

希腊伟大的哲学家苏格拉底就深谙这一道理，并常以此教导他的学生。他曾给他的弟子们上过这样一堂课：

一天，苏格拉底带领他的弟子来到一块麦地。那时正值果实成熟的季节，地里满是沉甸甸的麦穗。苏格拉底对弟子们说："你们去麦地里摘一株最大的麦穗，但要求是只许前进不许后退。我会在麦地的另一边等待你们。"弟子们听完老师的要求后，便陆续走进麦地。

地里到处都是硕大的麦穗，哪一个才是最大的呢？弟子们心里犯着嘀咕，埋头向前走。他们看看这一株，摇了摇头，看看那一株，又摇了摇头。弟子们都认为最大的麦穗还在前面，即使有人试着摘了几穗，也都不满意地随手扔掉了。所有人都以为前面的路还很长，完全没有必要过早地定夺。

弟子们一边低着头往前走，一边用心地挑挑拣拣，经过了很长一段时间。突然，大家听到苏格拉底的声音："你们已经到头了，快把你们的麦穗拿出来吧。"这时两手空空的弟子们才如梦初醒。

生如长河，你要自渡

最后，苏格拉底训导弟子说："这块麦地里肯定有一穗是最大的，但你们未必能遇见它；即使你们碰见了，也未必能作出准确的判断，认为后面还有更大的一穗。"

人的一生仿佛也是在麦地中行走，也在寻找那最大的一穗麦子。有的人遇见了，并果断地摘下它；有的人则左顾右盼，徘徊不定，一再错失良机。

犹豫是生命中最大的敌人，在我们对成功与失败难以把握时，它往往把失败的原因都一股脑地推到我们面前，从而把选择的砝码加到失败一方，让我们与成功失之交臂。

面对机遇，有的人可以捷足先登，有的人只能随波逐流，还有的人姗姗来迟，睡眼惺忪地说："这真的是机遇吗？我得再想想。"于是，先登者天道酬勤，收获了成功与财富；随波者收获小利，得到小小的满足；而姗姗来迟的人怨天尤人、捶胸顿足，时不时发问："我怎么到不了成功的彼岸呢？"殊不知上帝把机遇抛下来时，它对任何一个人都是公平的。没赶上航班，是因为你动身太晚；错失了商机，是因为你犹豫不决。

世界上绝大多数的财富都集中在少数人手中，然而即使让这些人现在变得一无所有，若干年后，财富还是会集中到他们手中。不要把这归因于好运，归因于上帝的眷顾，真正的原因在于他们总能果断地抓住时机，为自己重新赢得锦绣前程。

人生没有太多的时间去犹豫徘徊，在你犹豫徘徊时，许多人就已经跑到了你的前面，许多机会也已经落在了你的身后。所以，女人要想成功，在做人、做事方面就必须斩钉截铁、干脆利落，不能拖泥带水。当断不断，反受其乱。

难走的路，才是变好的路

> 一时的舒适区，并不是永久的安全之地，尤其当人舒服太久了，他本能地会对外部环境的变化产生畏惧，而更加愿意躲进熟悉的洞穴，以至于外面早已换了人间，而他们显得格格不入。

八年销售，五年甲方，三年乙方。Fanny 在职场上，已经百炼成钢了。

上海最贵的地段，她占着一间带落地窗和休息间的办公室，在此运筹帷幄，指点江山，活像一位女将军，威风凛凛。

一次，我问她："职业生涯走得这么稳，应该感谢家人的支持吧？"

她笑了笑说：

"最该感谢的是我刚入职时遇到的一位姐姐吧。其实她并不比我大多少，却处处关照我。那几年真的不容易，2009年在上海租个远郊的隔板间也要一千五百元，我那时工资才三千元，每天都过得

生如长河，你要自渡

紧巴巴的。她是本地人，了解我的情况后，就想办法帮我申请公司的员工宿舍。后来工作上出现了各种小问题，也都是她在默默安慰我、维护我。

"跟各行各业来比，销售企业的压力都是不小的。业绩指标的压力，一般人真是背不了。一次在单位加班加到凌晨一点，第二天神情恍惚，她看我不对，帮我分担了几份工作，让我早点回去休息，并安慰我，说我的学历比同期员工高一些，工作能力也不错，心里别有太大压力。

"不得不说，因为她的帮助，我的职场之路容易多了。一次，在晋升的关口，领导摆出来一个非常棘手的新项目，没人敢接，我接了。

"这个项目的前期工作很麻烦，但是有她暗中帮我，进展还算顺利。最后一项最重要，需要我自己去谈，结果谈砸了，公司损失惨重。

"谈砸最重要的原因就是前期复杂烦琐的审核工作中出现了隐患，而这个隐患是她一手埋下的……然后，她微笑着看我整理私人物品，狼狈地离开公司。

"现在想想，人家凭什么那么帮你。每天自己的工作都做不完，还主动帮你做，事出反常必有妖。后来我终于想明白了，她来公司三年了都没晋升过，因为是本科学历，资格上稍微欠缺一些。之后同期来的员工只有我一个硕士，那时我刚参加工作，热情高涨，工作表现十分突出，也是她最大的威胁。

"从她主动帮我联系员工宿舍开始，就不是一个好的事情。因为那时其他人的居住条件并不比我好，大家都很难，但只有我申请了。后来工作中出现的各种问题，都是她大事化小了，所以我自身根本没有认识到问题的严重性，也没有提高处理问题的能力，反而已经习惯于问题的存在。

"接着她不断暗示我学历上的优势，以及成功的工作表现，让我在心态上失衡，也变得非常骄傲，以至于主动去接了那个别人都不敢碰的项目。接了之后又习惯于她的暗中帮助，而自己没有严肃谨慎地对待，最后她放手了，项目也折了。

"后来听说她顺利晋升，总算如愿了。

"其实我并没有怨过她，那两年职业生涯，正是因为有她的存在，我才得到了宝贵的教训。

"所以我觉得并不算失败，相反我很庆幸她出现得这么早，如果是我用了七八年的时间登到高处了，再被拉下来，那我的损失就大了。

"但是这件事之后，我在职业生涯中，从来没让自己太舒服过，哪怕我已经坐到了今天的位置上，每一个环节我还是要亲自审核，不管多辛苦。

"太平年月，有花草，有诗酒，有安逸。亡了国，有教训，有奋起，有铁马金戈。我很满意自己的职场生涯。"

……

《风俗通》："长吏马肥，观者快之，乘者喜其言，驰驱不已，至于死。"这一招数，并不高明，但胜在好用，成在损者自入其局。

别人为自己铺平了坦途，自己就以为能力超群，这是人性的虚荣；别人为自己斩杀了一路的妖魔鬼怪，自己就安稳地享受了当下的自在，这是人性的怠惰。

所以，在职场上，别太高看自己，也别给自己找一条太好走的路。因为自大、拖延、懒惰只会让我们在原地打转儿，将自己束缚在很小的发展空间之中。

很多女人，上了职场的列车，就以为人生进入了坦途，开始忙于自己的爱情、婚姻、孩子，工作场所对于她们来讲早已成了休息区，一切难搞的项目、难走的路，通通被她们绕过。直到若干年后，她们才发现自己早已在职业上升期脱轨，被判出局。

一时的舒适区，并不是永久的安全之地，尤其当人舒服太久了，他本能地会对外部环境的变化产生畏惧，而更加愿意躲进熟悉的洞穴，以至于外面早已换了人间，而他们显得格格不入。

难走的路，才是变好的路。因为难走的路，往往意味着挑战、困难与不确定性。然而，正是这些艰难险阻，成就了我们的蝶变。

最终，当回首那条曾经难走的路时，我们会发现它已经悄然发生了变化。它不再是那个充满挑战与困难的旅程，而是变成了一段充满意义与价值的经历。这段经历让我们变得更加坚韧、更为优秀。

Chapter 4

朋友圈≠社交圈

深耕自己，才能破圈

> 社交的本质是价值交换，你必须努力让自己变得有价值，这样才能吸引他人的价值。所以，不妨把时间放在提升自己上，然后向上社交，这样才会更有利于搭建起自己的人脉网。

年轻时的巴菲特，拥有无比聪明的大脑，以及富甲一方的原生家庭，人很风趣、绅士、英俊。

这样的他坐在你面前，你内心激动不已，绞尽脑汁地找话题想把关系发展下去，于是搜遍了大脑中的每一寸角落，最后，指着汉堡问道："午餐好吃吗？饮料免费，还要续杯吗？"

他挑了下眉毛，尴尬地笑了笑。

你顿时感觉到出师不利，本想平易近人，没想到一下子暴露了自己的肤浅，于是你又故作高深地跟他讲了亚当·斯密的《资本主义与自由》。

他继续尴尬地笑了笑，告诉你《资本主义与自由》是米尔顿·弗里德曼写的。然后，他向你讲解了他对股票的看法，包括他的护城河理论与可笑的追高杀低，以及资本运作的规律与尺度。

你像听天书一样，连捧哏都做不到。

这个级别的人脉有用吗？当然有用。你能将关系维持下去吗？不能。给你机会接触这样优秀的社交资源，可你连与之沟通都有问题，还谈什么维系关系与从中受益。

那些优秀的人隐藏的内心世界里的波涛汹涌，是你无法承受的。他们在精神世界中构建圣殿，在现实世界里开疆扩土，可你连做个包工头的本事都没有，有什么资格怪人家冷落你。

视野，提高了他们的阈值；自律，塑造了他们的"金身"。他们的精神世界和现实生活同样忙得不可开交，他们为什么要浪费时间同低眉顺眼、没本事的人打交道？

所谓人脉，首先要求的就是同等分量的人。艺术学术你不行，投资经营你也不擅长，专业技能更是没有，从没认真生活的你别说提炼成一本书，就连做成一张传单也就是寥寥几句大白话，一目了然，肤浅得很。同时在世俗层面上看，你也没有高人一筹的经济能力和外貌体现。你比别人不知道弱了多少倍，一味地攀关系，自以为有利可图，殊不知别人只把你当成跳梁小丑。

所以说，你在弱的时候是没有资格谈社交、谈人脉的。因为这些东西从来就不是求来的，而是吸引来的。它的基础是你的"利用价值"：你的"利用价值"越大，他就越愿意帮你。所以，与其把时间花在多认识人上面，不如花在提升自身价值上。

我有个女同学是学 IT 的，而且学得很好。她在他们学院简直是一种稀有的存在。

当她决定毕业后要投身经济领域，而非技术领域时，她就开始

生如长河，你要自渡

刻意结交人脉了。

其实混迹在这个非富即贵的圈子真的不难，只要一起吃吃喝喝，买买东西就差不多了。只是太烧钱、烧时间了。

毕业一年后，大家已经很熟了，一次聚会聊一个传媒项目，启动资金是六百万元。

A君说，家里有两层写字楼，可以拿出来当基地，同时认识几家广告公司，宣传的事也可包揽了。

B君说，认识几家公关娱乐公司，名人代言之类的没问题，也能拿到电视台黄金时段的广告位……

C君说资源不多，但是毕业后赚了点钱，启动资金负责一半没问题。

余下的几个人分摊剩下的钱，轻而易举。大家边喝酒边聊天，只有我同学一言不发，木讷得很。大家问她："你是学 IT 的啊，网站后台交给你没问题吧？"

天知道我的同学为了挤进这个圈子，花了多少时间和精力，IT 这个本就需要与时俱进的圈子，她荒废得太久太久了，只能婉言拒绝。

大家笑着说没事儿，以后还有机会。

但真的还会有机会吗？没资本，没技术，下个项目依旧什么都提供不了，别人凭什么还会带你。

在自我升值最重要的几年，跑去苦心经营了一些毫无意义的东西，失之东隅，又没有收之桑榆。难道不可笑吗？

三十岁，正是当打之年，然而只要有人喊你出去，你便随叫随到。八卦聚会，唱歌喝酒，打麻将，抱怨婆媳关系，夫妻吵架……什么事找你你都去，自以为朋友多，其实你只是凑单的。找谁都一样，只不过你是最闲的。你总是能被想起来，你也总是能被忽略掉。到最后，你的奋斗年华，就被这些无效社交荒废掉了。

说到底，社交的本质是价值交换，你必须努力让自己变得有价值，这样才能吸引他人的价值。所以，不妨把时间放在提升自己上，然后向上社交，这样才会更有利于搭建起自己的人脉网。

好的圈子是会滋养人的，你所处的环境，代表了你的审美和生活层次。那么，现在不妨想想，它们滋养到你了吗？

尊重的回声，是心底的善意

仓央嘉措说"我以为别人尊重我，是因为我很优秀。慢慢地我明白了，别人尊重我，是因为别人很优秀，优秀的人更懂得尊重别人。对人恭敬，其实是在庄严你自己。"

韩非子在《说难》中提到，龙的脖子有两块逆鳞，触动它，龙就会大发雷霆。当然，韩非子要告诉世人的并不是龙的禁忌，而是人的禁忌。

是人就会有弱点，有禁区，有一些不愿意让人触及的缺憾、隐私，或伤疤。可现今有许多聒噪、愚蠢的女人却总是喜欢有意无意地触动那些敏感的"逆鳞"，甚至是揪着他人的"逆鳞"赤裸裸地嘲讽。其实，她们戳别人"逆鳞"的行为，不过是为了获得一种优于他人的满足感。

如果你也是其中的一员，那么很遗憾，你很难建立起自己的人脉网。因为这种满足感是建立在别人的痛苦之上的，而任何一个人都不会喜欢与给自己带来痛苦的人打交道。

　　中国人向来重视尊严与荣誉，你都不知道你所谓的"玩笑话"，给别人带来多少困扰。所以，在社会交往中，你若想与他人建立和谐的关系，就要学会尊重他人。否则，你一时的口舌之快，一时的虚荣心满足，往往招致无穷后患。

　　三国时期，刘备第一次进西蜀时，为了讨好益州牧刘璋及其手下的官员，态度谦恭、言语低调。就这样，刘璋的官员开始飘飘然起来，特别是长着一把大胡子的张裕，更是忘乎所以地拿刘备开起了玩笑。他讥讽刘备说："长须美髯才够得上男子汉大丈夫，那些嘴上少毛的人，哪有大丈夫的气概！"胡子稀疏的刘备讪讪地笑着，依旧一副谦和的姿态。半年后，刘备领兵打下益州，当上了蜀国之主。不久，他就找了个借口，将那个当年嘲讽自己的张裕杀了。

　　古时，男子以须眉浓密为美，胡子眉毛稀少的男子通常被认为缺少男子汉气概，而刘备不幸，也在此列中。本来也没什么，可张裕偏要同刘备比胡子，以己之长，攻彼之短。如此一来，有失颜面的刘备怎能不反感张裕？当时在刘璋的地盘，刘备只好忍辱负重，不便动怒，而待到刘备掌握大权，必然伺机发难。

　　诚然，刘备杀张裕有失君子风度，但如果不是张裕说话尖酸刻薄，触碰刘备的"逆鳞"，又怎会招来杀身之祸？

　　人，要想有效地影响他人，就要善于从细节上下功夫，给对方留足尊严。这样当你做事情的时候，对方才会给你留面子，并诚心地帮你做事。

　　如果你不想制造一个敌人，或是失去一个朋友，那么言行举止最好谨慎些，多去顾及一下别人的颜面。只有这样，你才能赢得别

生如长河，你要自渡

人对你的认同和友善。

很多时候，我们以为我们尊重的是别人，其实是我们自己。我们以为留有余地是为别人，其实也是为我们自己。

当然，尊重不是因为要达到目标的刻意展示，也不是依靠社会道德的约束而克制内心的行为，而是对平凡生命和琐事心生敬畏。只有这份敬畏，才能让你足够优秀且豁达。就像日本电影《入殓师》所表达的那样：对每一位逝者都怀有敬重，以高超的技艺和平静的态度使逝者在临走前展现出最美的那一面。

真正的尊重，与他人无关，只要你心怀善意，就够了。

借势哲学：寻找助力

任何人都不能复制成功者成功的过程，却可以从他们身上学习一些成功的理念和方法，但前提是先要"走近"他们。

任何人都不能复制成功者成功的过程，却可以从他们身上学习一些成功的理念和方法，但前提是先要"走近"他们。

借势，顾名思义，就是借助外部的力量或趋势来达到自己的目的。

对于富有的女性而言，借势不仅能够助力她们更快地实现财富增长，还能帮助她们在竞争激烈的世界中保持领先地位，降低自身风险，提升成功几率。

那对于普通的女性来说呢？道理是一样的。她们同样可以借助外在力量，抓住机遇，提升自身价值，实现自己的梦想与目标。

那么，问题来了，我们要借谁的势呢？

答案是：成功者。

成功者的眼光通常会比一般人的更长远，因为他们能看到"一公里"外的风景，而一般人因为每天忙于生计，大部分只能环顾四周。目光的局限也导致了思维的局限，如果你想积累财富，走向成功，那你最好像成功者一样具有前瞻性。

成功者往往对国家政策和经济趋势有着敏锐的洞察力。他们会密切关注政策动向，及时调整自己的投资策略和经营方向，以顺应国家的发展需求和市场趋势。例如，在国家鼓励新能源产业发展的时期，成功者可能会选择投资相关产业，享受政策红利。

另外，人脉也是成功者手中的重要资源。他们通过与各行各业的人士建立联系，获取宝贵的信息和资源。这些人脉不仅能够帮助他们解决难题，还能为他们带来更多的商业机会。

黑格尔、康德等哲学家，在年轻时都曾担任过贵族或商人的家庭教师。他们通过这一身份，不仅获得了稳定的经济来源，更重要的是，他们得以近距离观察和学习成功者的生活方式、思维方式。虽然这些哲学家的主要成就并非直接来源于家庭教师的经历，但这段经历无疑为他们日后的学术研究和思想形成提供了独特的视角和资源。

所以，要想成功，不妨多与这类具有开阔视野、极强能力的人交往。著名的人际关系学家罗伯特·清崎曾说过这样一句令人深省的话："你要想创造更多财富，就要主动去接近那些拥有财富的人。"

其实，我们的交际模式和学习方法都是可控的。能否突破自己的交际圈子，昂首挺胸地靠近成功者，去学习他们身上的长处，这个决定权也在我们自己手里。如果你是一个不甘平庸的女人，那么就不要害怕与成功人士交往。

　　总之，在成功者身边学习并掌握人脉信息资源，是一种高效且实用的成功策略。然而，这并非一蹴而就的，需要个人具备敏锐的洞察力、积极的学习态度和不懈的努力精神；同时，还需要注重诚信和品质建设，为自己赢得信任和尊重。

生如长河，你要自渡

最看不惯的，就是你需要改变的

看一个人不顺眼，往往都是我们在情绪管理上出了问题，而不是事情本身。所以，只要控制好自己的情绪，调整好心态，把看不顺眼的人看顺眼了，就能创造出有利于自己的环境。

生活中，我们总能遇到看不惯的人。这些人可能是因为与我们在利益上存在对立，可能是无意中伤害过我们，更可能是没缘由的不喜欢。每当看到他们的身影、听到他们的声音，甚至是闻到他们身上的气味，我们都会产生厌恶。尤其是女人，喜恶更是分明：喜欢之人，亲近礼让；厌恶之人，唾之弃之。

其实，这却是一种非常不理智的做法。因为你所厌恶、看不顺眼的人未必就是对你没帮助的人。在职场上，人与人之间的关系大多都是理性的互惠互利，仅因为主观上的不喜欢，就远离对自己有利的人，实在不是明智之举。

我一个朋友是一家 4S 店的销售顾问，业务能力特别强，当所有人都以为她要被提上销售总监的位置时，总店却空降了一位总监。当然，对于这位新来的总监，她是满腔的不满。

几天后，她和这位总监出去见一个准备批量采购的大客户。当到了那里之后，她发现一份很重要的采购表没有带，便提出立刻返回公司取。客户见她粗心大意，十分不悦。销售总监见状就毫不客气地当着客户的面批评了她。

后来，她越看总监越不顺眼，并且情绪波动较大，总觉得他在找碴，索性辞职了，放弃了正在上升期的事业，跑到了一家小公司里，从头干起。

而那位总监呢，一位实力强劲的对手走掉后，领导更为重视他，一路顺风顺水，年底顺利加薪。

所以，那些你看不惯的人后来都怎么样了？现实告诉你，他们都越来越顺利了。

对于自己不喜欢的人，我们都会想敬而远之。但事实上很多时候，我们又不得不与他们合作，甚至有时为了达到某种目标，我们还必须和他们保持和谐亲密的关系。当然，强迫自己对看不顺眼的人展露笑颜的确不容易。但其实，你完全可以不必伪装，不必违背自己的心意，真心地和自己厌恶的人交朋友，让自己接纳对方。这样做不仅能展现你的气度、胸襟，更能化疏为亲、化敌为友。

事实上，更多的时候，我们看不惯对方，原因往往出在我们自己身上。我们总觉得万事万物都该符合我们的认知，当别人的价值观和我们不一样时，我们就会有负面情绪产生——看不顺眼，苛求别人改变。其实这也暴露了我们的狭隘。

有这样一个故事：

一个太太多年来，一直看不顺眼对面那家的女主人，总在人前

生如长河，你要自渡

抱怨：她晾晒在外面的衣服，总有污渍，真是又邋遢又笨，连衣服都洗不干净。

直到一天，她的朋友来做客时提醒她，她才知道原来不是对面的女主人衣服没洗干净，而是自己家的窗户脏了。

所以说，如果你看一个人不顺眼，一定要先审视自身。通常来讲，高情商的人，往往有更高的兼容性，也就是能够接纳更多不同类型的人。而情商较低的话，则更容易对人看不顺眼。

那么，如何克服内心的障碍，让自己从内心接受、认同对方，把这些看不顺眼的人看顺眼呢？你需要从以下几方面入手：

1. 和攻击性较强的人相处时，对方的话不必放在心上。

2. 不妨送些对方喜欢的小礼物，不用太贵，心意到了就好。

3. 站在对方的角度考虑问题，多想想对方的优点，不要死咬缺点不放，学会宽容。

4. 尊重对方，关心对方，多赞扬对方，让对方知道你并没有心怀敌意。

5. 尽量不要表现出明显厌恶感。如果实在不行，可以保持适当的距离，避免不必要的冲突。

6. 主动活跃气氛。在一起相处的时候，多开开玩笑，无须太拘谨，虽然这样做可能不太容易。

看一个人不顺眼，往往都是我们在情绪管理上出了问题，而不是事情本身。所以，只要控制好自己的情绪，调整好心态，把看不顺眼的人看顺眼了，就能创造出有利于自己的环境。

向上社交，与比你强的人做朋友

和那些比你强的人做朋友吧，要知道那些优秀的伙伴，会搀扶着把你拉上人生的巅峰。

我二十四岁大学毕业的时候，找了一份工作，工资只有一千八百块，总是算计着柴米油盐过日子，每次逛街都下意识地捂住自己的口袋，仿佛那些橱窗里的包包、裙子、彩妆都长了爪子似的要随时伸进我的衣兜。

那时和我一起租房的室友，是个职位比我高很多的漂亮姑娘，每天奔波忙碌，异常辛苦。我们会在周末一起去超市抢购廉价的生活用品，或是下班后去买打折的水果和寿司。我一直以为我们是一样的，可这"一样"中，却又隐约隐藏着某些"异样"。

我那时每天都特别困，不到最后一秒都不会从床上起来，当我匆忙地嚼着面包往身上套衣服的时候，总能看到她画着精致的妆容，披散着洗过的头发，踩着极细的高跟鞋准备出门。

那样一丝不苟的样子，让我羡慕，但却不以为意，直到有一天她约我去吃早餐。我清晰地记得，那是一家十分考究的西餐厅，典型意大利风格，装修格调舒适宜人，还有户外的露天座位提供给喜欢浪漫的客人。

漂亮的餐具沐浴在晨光下，感觉心情也美好起来了，旁边坐着读晨报的体面的商人，和打扮精致轻啜咖啡的妇人。穿得有些邋遢的我似乎与那里的氛围格格不入。

在优雅的小提琴声中，我一遍又一遍地提醒服务员快点把早餐端上来，因为我真的要迟到了。终于，食物端上来了，我失望至极。

洁白的骨瓷餐盘上，食物被精致地摆放在中央，然而这对于吃惯了鸡蛋灌饼、煎饼果子、烧饼豆腐脑的我来说，真的是过于简单了。它的内容只有一点水煮胡萝卜、一个煎蛋、一片芝士和一小块烤面包。我边吃边嘟囔着，七十八元一份的早餐啊，就这么点东西，清淡得我都不需要舌头了，真是不值。

她终于忍受不了我的絮叨，对我说："你能安静一会儿吗？吃饭不仅需要舌头，也需要心。"

她成功了，我安静下来了。

后来，我一直在回想那次的早餐，她吃早餐的样子，优雅又安静，我知道她想融入那个圈子，其实，我也想。

后来，因为换工作，我们被迫分开了，但也一直保持着联系。那个精致又努力的姑娘，我知道她在竭尽全力，去赢得她想要的生活。我也知道，她一定会有成功的那一天。

后来，我又结识了很多姑娘，她们同样积极且优雅。每次聚会，她们的话题总比我的更有深度，消息总比我的更超前，衣服搭配总比我的更得体，当然，职场上，她们也总比我晋升得更快。

　　和她们在一起，你永远有一种朝气，一种奋起直追的迫切感。在这个过程中，你也会一路成长，一路进步。可见，有这样一群闺蜜在身边，是大有裨益的。

　　她们很少会聊"孩子在学校不听话""婆婆又挑理了""老公最近回家好晚"等话题，她们的聚会内容永远是追赶着流行前线的服饰搭配、最新的职场资讯、稳健的理财产品以及性价比超高的护肤品推荐。与她们在一起，你总能接收到最有价值的信息资讯，甚至每聚会一次你就提升了一次。

　　那样一群比你强的姑娘，会带你看到不一样的世界，那个世界既精彩又新鲜，确保不会让你在年过花甲时还在重复着几十年前的谈资。

　　所以，每当我觉得工作辛苦想放纵一阵子的时候，就去看看朋友圈，看看那群姑娘们的旅行自拍和聚会美景，这样我就知道，我还不能停，我还需要追赶。

　　我从不介意她们晒出来的东西有多贵，是不是在炫富，因为我知道这些就是她们的真实生活，而且是她们自己赚来而非靠父母给予的。没什么事比凭本事赚钱更体面了，不是吗？

　　所以，亲爱的，去和那些比你强的人做朋友吧，要知道那些优秀的伙伴，会搀扶着把你拉上人生的巅峰。

生如长河，你要自渡

好运，是"说"出来的

说话技巧，可以彰显出一个女人的睿智和高雅，也可以暴露出她的愚蠢和低俗。

在这个时代，说话技巧对于女人来说至关重要。它既可以彰显出女人的睿智和高雅，也可能暴露出她的愚蠢和低俗。会说话的女人，往往更容易赢得朋友的信赖、伴侣的尊重、领导的青睐、下属的拥护和社会的认同。成功的女人未必都会说话，但会说话的女人大多都是成功的。

从文学经典《红楼梦》到热门电视剧《都挺好》，都展现了语言艺术的魅力。《红楼梦》中，王熙凤初见林黛玉时的几句话，夸了林黛玉，讨好了贾母，又逢迎了另外几个孙女；林黛玉也懂得审时度势，在回答贾母和贾宝玉关于读书的问题时，展现出了高情商。一部《红楼梦》将语言的艺术展现得登峰造极，教科书式的说话技巧和颖悟绝伦的高情商，即使放到现在都会让人十分受用。

《都挺好》中的苏明玉事业成功，身处高位，与之相匹配的是高情商和让人折服的说话能力。她劝周姐放过自己的二哥苏明成时，不卑不亢，气场十足，看似柔风细雨，却句句到位。她用自己的故事暗示周姐"三十年河东，三十年河西"，给双方都留了余地。苏明玉揭露的职场和人生法则是：出身只是起点，情商决定能走多远。而一个情商低的人最明显的特征就是不会说话，这也是一段关系慢性致死的元凶之一。

生活中，很多女人却难以做到会说话。比如一个大学同学，秀外慧中，却说话难听。一次她老公打来电话说晚上领导要请吃饭，可能晚归，她马上嗤之以鼻，结果电话那头的语气也不友好，迅速挂掉。前阵子听说她离婚了，想来她老公终究还是忍受不了语言上的冷暴力。可见，除了外表与勤劳，女人还要拥有情商，把握好语言的艺术。

一个聪明女人，最好的状态绝不是尖酸刻薄的，而是虚怀若谷，淡然如水。遗憾的是，很多女人爱逞口舌之快，言语犀利，善揭人短处，令人尴尬，还云淡风轻地替自己解围，着实让人厌恶。

那么，女人如何化解成长与成熟中的尴尬，通过语言的考核呢？

第一，要注意关系远近。别问不熟的人那么多问题，感受到对方的疏远与拒绝，要马上适可而止。有些人比较内向或慢热，一味逼问会让大家都难受。

第二，少说赘词。不管在演讲、报告还是聊天中，都尽量少说赘词，如"呃""啊""噢"等，否则会给人一种思维不清晰和不自信的感觉。

第三，克制虚荣心。不要处处隐晦地炫耀自己，谁都不傻，都能看出你的炫耀与浅薄。比如，朋友说巴厘岛好玩，你马上说自己早就去过，还说巴厘岛落后原始，欧洲比较好玩。这会让对方反感。

第四，换个说法。比如，不要说"离婚后，你过得怎么样？二婚可不容易找到好男人了"，而要说"一个人，过得还不错吧？不用着急脱单，好好享受几年单身时光"。收起刻薄，设身处地地聊天，才不会遭遇反感。

第五，让他人觉得自己很重要。聊天时不要总看手机，内容少以自我为中心，请求帮忙时态度要诚恳，突出对方的重要性，如说"这件事情，别人真的做不到，只有你了"。

第六，不做无谓的争论。在人际交往中，难免会遇到观点相左的人，但大多数辩论都会演变成情绪化、非理性的争论赛，一旦开始，即便说得头头是道，对方也不会接受，还可能引发叫嚷、威胁、羞辱等，将观点冲突升级为维护尊严的冲突，无论谁输谁赢，双方都将受到伤害。所以，聪明的女人不会与人做无益的辩论游戏，因为她们懂得不必要的辩论只会让自己失去朋友，引起不必要的事端。

第七，话说三分，点到为止。《菜根谭》中有"见人只说三分话，不可全抛一片心"。很多年轻女性与人交往时口无遮拦，毫无保留，以为这样能表现诚意，殊不知若对方居心不良，说出去的话只会被利用，让自己付出惨痛代价。

总之，在这样的一个时代里，要想成为一个被上帝偏爱的女人，必须学会说话。很多时候，说话不单单是一种沟通的手段，更是一个人底蕴的展现。

Chapter 5

外在形象，由我定义

生如长河，你要自渡

适度包装，放大你的价值

> 适度的包装是放大个人价值的重要方式之一，无论是工作还是生活，我们都需要学会如何更好地展示自己，让更多的人看到我们的优点和潜力。

在这个竞争多元化的世界里，我们不仅是自身形象的塑造者，更是自我价值的推广者。无论是职场上的角逐，还是生活中的展现，我们都在不自觉地推销着自己，希望被看见、被认可。在这个过程中，"适度包装"成为一门重要的艺术，它不仅能够提升我们的外在形象，更能有效地放大我们的内在价值。

同时，在人类社会中，一个良好的形象可以给人留下深刻的印象，增强信任感和好感度，从而有助于个人在职场、社交场合等方面取得成功。所以，无论是求职面试、商务谈判还是社交活动，良好的第一印象都是十分重要的。

反之，如果形象不佳，衣着不当，即使才华横溢，也可能在第一关就被淘汰出局。可见，形象是通往成功之路的第一块敲门砖，不容小觑。

陈安，是一名留学机构的市场总监。

在她刚步入职场之际，完全搞不清楚状况，整整一个月，没有一位准备送孩子出国的家长肯信任她。明明她的专业知识那么扎实，明明她的海外院校资源那么丰富。

基于此，她不断复盘整个环节，发现大部分家长其实并没有和她沟通多久就结束了，她并不觉得短暂的交流中有什么问题。就在她百思不得其解的时候，她放下了手中的工作笔记，抬起头看到了墙面的镜子。

镜子中的自己圆圆的娃娃脸，还有些许婴儿肥，看着有些稚气。身上穿的是简单的黑色西服外套，外套一看就已经"身经百战"了，袖口处被摩擦得有些光亮，内里是一件纯棉白衬衫，衬衫的领口已然洗得发黄，胸口处还有两个油点，那是中午吃麻辣烫时溅上去的。想起麻辣烫，陈安似乎闻到了一股辣椒和陈醋交融的味道，她不禁仔细嗅了嗅，暗自懊悔，这个味道可真重。

经过这次"恍然大悟"后，陈安将自己重新"包装"了一遍。她买来了新的职业套装，每天早上都会仔细熨烫，笔挺又干练，简单的白衬衫也多准备了一件放在单位，以防突发状况，可以临时替换。为了改变稚气未脱的形象，她还将齐刘海梳了上去，将从前的披肩发扎了起来。此外，她还改变了很多生活中的细节，包括工作日绝不吃任何味道刺激的食物，在办公室里摆上一束简单的鲜花，换掉了五颜六色过于显眼的美甲，等等。

几番"折腾"后，她的努力终于看到了成效。

家长们开始尝试信任这个刚走出大学的年轻人，她也终于迎来了坦诚沟通的机会，并为此不遗余力地为孩子们争取更合适的国外教育资源。

随着时间的推移，陈安的职场之路越来越顺利，不过她并没有停下脚步，还在各个方面积极地调整提升自己……

她努力让自己瘦了一些，婴儿肥退去之后，终于露出了"干练"的轮廓；她将从前舒适的平底小皮鞋换成了细跟鞋，松弛感退却，工作状态拉满。

在日常工作中，她穿着简洁大方，衣服曲线分明，既保持了专业形象，又不失个性。而在参加公司重要会议或外部活动时，她会更加注重着装的选择，确保自己的形象与场合相匹配。这种适度的包装，不仅让她赢得了更多的信赖，也让她的同事和上司对她刮目相看。

外在印象会影响他人判断，所以适度的包装是放大个人价值的重要方式之一。正如法国著名形象设计师萨克拉斯所说："我们对他人的最初印象是从对方的体貌服饰上获得，而对人物内在的素质美，则是需要时间来发现的。所以，从外表来看，体貌和服饰是我们不得不注意的细节。"

所以，无论是工作还是生活，我们都需要学会如何更好地展示自己，以便让更多的人了解我们的优点和潜力。

当然，包装并不意味着虚假或夸大，也不是铺张浪费，奢侈无度，它强调的是在保持自然、真实的基础上追求品质，并通过恰当的服饰搭配和装扮技巧，提升整体形象，使个人特质更加鲜明。

　　它要求我们在展现个性的同时，也要考虑场合、文化和社会接受度，做到既不过分张扬也不失礼节。这样，我们在这个竞争激烈的社会中能更好地展现自己。

　　总之，形象在人际社交、职场未来、健康生活等方面都发挥着重要作用。一个得体大方的形象能够让我们在他人心中留下良好的印象，赢得更多的尊重和机会。同时，我们也要明白形象并非内心修养的全部，只有内外兼修，才能让自己未来的路走得长远。

远离宽松肥大的衣服

服帖精致的衣服和宽松的衣服之间，只相差了一个自律的你。

我曾经制订过一堆计划，包括健身、读书、写作。可是当我把孩子送到幼儿园回到家，换上宽松舒服的家居服之后，我只想伸个懒腰，瘫在沙发上，看一会儿电视，玩一会儿手机，顺便再吃包薯片。跑步机上累积的灰尘控诉着我有多懒惰，一拖再拖的出版计划，验证了我的拖延症早已病入膏肓。近乎完美的读书规划，也几乎成了一张打脸的愿望清单。是的，一切都从换上宽松肥大的家居服开始。

后来，我终于想明白，我们必须穿成我们想要成为的样子，不管工作还是生活，才能真正进入状态。

所以，之后我回到家都会先换上修身的衬衫和裤子，因为衣服的束缚感强，你心底会有一种约束感，不能轻易躺在沙发上，因为那样很违和，也会把衬衫压出褶皱，然后理所当然地去码字。如果有跑步健身计划的话，我还会提早穿上紧身贴肤的 T 恤和运动裤，然后那些凸起的赘肉就会乍现，逼得我恨不能立刻打开瑜伽垫，冲上跑步机，根本不敢懈怠。

衣服，真的是一种暗示，这种暗示时间久了，你就会活在这种暗示下的状态里。紧身的衣服，因为包裹感好，会让人时刻精力集中。相反，宽松肥大的衣服，则更容易让人懈怠，因为你的肌肉处于放松的状态，人也容易昏昏欲睡，意志也易消沉。为什么职场上要求穿严肃刻板、线条硬朗的职业装，就是要提醒人们：工作时间，要时刻打起精神。

服帖精致的衣服和宽松的衣服之间，只相差了一个自律的你。如果你常年喜欢套上宽松肥大的衣服，那么很遗憾，你已经淡化了对美的追求。那些肥大的衣袖和腰身，遮住的是懒散的灵魂与松弛的肌肤，以及肆意生长的赘肉。呈现的又是什么？呈现的是一种自我放弃的生活状态。

当然，并不是任何人都不适合穿宽松的衣服，只是宽大的衣服，真的会让你忽视对身材的管理。

其实很多时候，身材管理并不是对美的苛求，而是追求健康、自信的一种方式。通过合理的饮食和适度的运动，女性可以保持健康的体重和体态，这不仅有助于身体健康，还能提升自我形象、增强自信心。然而，这也并不意味着所有女性都必须严格进行身材管理，因为每个人的身体状况、生活习惯和心理需求都是不同的。

但是，如果可以，我们给自己一个年轻健康的体态，不是更好吗？毕竟身材管理，追求的主旨是健康。

所以，脱下宽大无度的衣服吧，只有真正优雅自律的女人，才适合穿它。那样的女人精明干练，绝不允许赘肉横生，绝不放任自己自由散漫。她们在宽大舒服的衣服里也能保持优美的仪态，不驼背，不含胸，同时又高度自律，不会因为肉体的舒适而让精神也松懈下来。她们十年如一日，在自我约束中接受美的回馈。所以，只有这样的女人，才有资格在空荡荡的衣服里，享受自由舒服的礼遇。

你能做到吗？如果做不到，那么从今天起，就别再考虑宽松肥大的均码衣服。自由给了不能够自制的人，结果往往不尽如人意。毕竟大部分人无法在宽松的均码 T 恤中保持良好的仪态与体形。你，属于大部分人吧。

所以，你要记住：即使是一件家居睡裙，也要熨帖地贴在你的身上，即使那个弧度并不好看，但是它会提醒你自律，多动。

穿衣的意义，不仅是因为生理需要，更是为了让自己呈现出更好的状态。所以不管你今年多大了，都要活得有章法，穿得有风格。

体态优美，生活才会优美

你还不算老，还有很多事情要做。臃肿的身材，松弛的皮肤只会让你早衰，失去活力与魅力。不管你今年多大，你都不该这么做。

你不敢撸串，不敢涮火锅，不敢吃自助餐，路过甜品店都会让你发狂。无数个夜晚饿得体无完肤，无法入眠。第二天一大早，你就兴奋地起床吃饭，面对眼前的一碗杂粮粥，一个水煮蛋，你无比庄重，小心翼翼地一点点送入口腹，仿佛品尝的是凤髓龙肝。

整个过程，你对食物的虔诚犹如一名传教士。

午休时，同事们对着红烧肉、宫保鸡丁大快朵颐，可你眼前只有一点水煮菜和半根玉米。你馋得快流眼泪了，可依旧不敢越雷池一步。

一周后，你瘦了两斤，遂奖励自己吃了顿"呷哺呷哺"，你胖了三斤。

生如长河，你要自渡

看着一个办公室里的小姑娘，每天可乐薯片不断，依旧有着好看的腰身和纤细的小腿，你心中已经泪流成河，三十几岁时的新陈代谢和二十几岁时真的不能比。唉……

我知道三十几岁的女人要保持身材真的很难，但难就要放弃吗？要知道保持身材，拥有一个年轻的体态，绝不是为了别人，而是为了自己。

首先，从健康层面来看，保持适当的身材，有助于预防由肥胖引起的多种慢性疾病，如高血压、高血脂、糖尿病、脂肪肝等。这些疾病不仅影响女性的生活质量，还可能对生命造成威胁。

其次，通过运动和控制饮食来保持身材，可以增强体质，提高身体的抵抗力和免疫力，减少患病的风险。

另外，从心理方面来看，良好的身材能够增强女性的自信心，使她们在社交场合更加自如地展现自己，从而提高社交能力。同时，减少了身材走样带来的烦恼，比如买不到合适的衣服、受到他人的非议等，让女性更加轻松愉快地生活。

此外，在如今的职场上，形象也是自我价值的一部分。通过运动和健康饮食来保持身材的同时，还可以让我们拥有良好的精神状态，从而提高工作效率和提升创造力。

健康有活力的身材，不仅是二十岁出头的年轻女孩所追求的，更是所有年龄段女性都向往的。然而，很多女人仅仅把它当成了向往。那些办了却没怎么用过的健身卡，那些被闲置落满灰尘的健身器材，那些藏在柜子里的零食和泡面，都证明了她们是思想上的"王者"，行动上的"青铜"。

人的身材和样貌是受意识管理的，外形的发展如同习性的发展，你管理得好一些，约束得严格一些，身材便也紧致一些，画风随之也端庄和挺拔一些。所以，你要做的就是对自己狠一些，自律一些。

自律的人生贴着标签：优雅、得体、曲线美。同样，妥协的人生也贴着标签：臃肿、精神萎靡、皮肤松弛。

我们每个人都更愿意接近美好的人或事物。所以，别在混沌黑暗中沉寂太久，当你在黑暗中隐藏着你油腻的身躯时，连你的影子都会离开你。

所以，别因为你已经在职，已经结婚，就以为有了身材走样、皮肤松弛的理由，你的身材反映的是你的品位和自控力，能控制住体重，才能控制住自己的生活。

保持身材，坚持护肤，健康生活，这些并不是为了让你取悦别人，而是为了照亮你自己。当你瘦下来，你的人生也就会容易多了，起码不管是在家里，还是在职场，你都会多一份自信，多一份光彩。

所以，无论你是正在烧烤摊上推杯换盏，还是躺在沙发上往嘴里塞着蛋糕、瓜子、薯片，抑或睁着一双浑浊且毫无神采的眼睛刷朋友圈，你都该停下来了。你还不算老，还有很多事情要做。臃肿的身材、松弛的皮肤只会让你早衰，失去活力与魅力。不管你今年多大，你都不该这么做。

关于生活的妆容，你是最好的化妆师

在我们打扮得美美的时候，我们就会觉得这一天都是美好的，连抱怨与发脾气都是对自己光鲜外表的一种亵渎。

生活节奏超快的北京中央商务区，到处都是妆容得体、浑身名牌、快步疾驰的高管姑娘。而法国，到处都是精致浪漫、衣着时尚、优雅慵懒的女郎，哪怕她们在买菜，在洗碗，在追剧。

人，是真的可以浸染一座城市的气息。所以，当你看到一个化着精美的妆容、身着婉约风情长裙的女人，出现在东北的某一个早市，就会感觉那么不同、那么好看。

所以，我们羡慕的并不是法国女人的风情漂亮，而是她们的生活方式。那样的生活方式，总能让女人变得明艳动人、温柔随性。

她们穿着得体的睡衣，边听音乐边做家务，她们用香水，敷面膜，化精致的妆容，她们种花种草，为家人做手工饼干。你永远不会看到，她们像你一样穿着宽大且沾染食物痕迹的 T 恤，蓬头垢面地瘫倒在沙发上追剧。

一个女人，对生活的任何一面都不能懒，工作、打扫、煮饭、育儿、聚会，一刻都不可以。然而，有太多年轻的妈妈对这点不屑一顾，"不修边幅"成了对她们最好的诠释。

女儿的幼儿园每天四点半放学，我每天都会和家长们在一楼大厅等待。她们班级有三十一个小朋友，一楼的家长至少有四十位，基本都是妈妈。可这么多家长中，却很难看到有打扮得体的，多数都是穿着拖鞋，甚至睡衣就出来了。

有一位妈妈刚生完二胎没多久，还在哺乳期，头发乱糟糟的，满脸油光，衣服也十分邋遢。孩子放学出来看到她时，不禁上前询问："妈妈你刚睡醒吗？"那一刻，这位妈妈和周遭的家长都有些尴尬。此时，我赶紧拉低了帽檐，遮一遮油腻的头发和浓重的黑眼圈。是的，我也没好到哪里去。

这次之后，我开始有意识地搭配衣服、注重仪表了，但坚持得并不算好，时常因为懒而放弃。直到有一次，我看到了一位小朋友的奶奶，我才真正告别颓废。

我清晰地记得，这位老人花白的头发打理得格外细致，金丝边的眼镜将她衬托得十分有气质；淡淡一层粉底，既显得气色尚好，又十分自然；浅灰色的眉毛，勾勒得十分到位；淡红色的唇膏，使整个人容光焕发。

那一刻，我终于明白得体的衣着与妆容是不分场合、不分年纪的，只要活着就要严谨且认真，这也是对生命的敬重。从那以后，我开始研究各种美妆教程和服装搭配，学着给自己化最简单的妆容，同时我终于知道了睡眠面膜和贴片面膜的区别。

虽然这些并没有让我变得多好看，但是至少会让人感觉到舒服、清爽、体面。后来我慢慢调整生活方式与态度，越来越意识到化妆与衣品对女人的重要性了。那是一种底气，一种对周遭事物的尊重，一种在职场上厮杀的技能，一种关乎生存的对抗。

在工作中，我们经常会情绪失控，低落，不自信，其实只要细心回想，那基本是没精心化妆、打扮的日子。而在我们打扮得美美的时候，你会觉得这一天都是美好的，连抱怨与发脾气都是对自己光鲜外表的一种亵渎。

《破产姐妹》里，爆穷的Max，却有着无可撼动的乐观和意志，住在破烂不堪的房子里，在充满油渍的餐馆打工，不敢买新衣服，生了病不敢看医生……可即便在那样的环境里，却依然保持着好看的样子。口红用完了没钱买新的，就用发卡挑出来接着涂在嘴唇上；高跟鞋断掉了，就用胶带粘起来继续穿；没有钱去理发店打理头发，就学着自己用胶水抓……

Max用精致的妆容，将所有苦难化作对生活的调侃，将所有恐惧化为对生活的反抗。

女人啊，越艰难的时候，就越要让自己体面，让自己光鲜亮丽，因为这才是你无坚不摧的资本。职场上被上司虐哭那是常有的事，但要记得转过身就去洗手间，补上粉底，涂好睫毛，擦上口红，整理好衣裙上的褶皱。要知道，你脸上的妆和身上的袍，都是你的门面，它不仅给了你自信，也彰显了你面对打击时的自信与豁达。

女人的外表，就是女人生活的样子，二者都是越打扮越好看。一个好好打扮的女人，周身一定洋溢着不可亵渎的气场。

Chapter

婚姻：和谁过，都是和自己过

什么情况下，可以做全职妈妈？

成为全职妈妈并非适合所有人的选择。它涉及时间、精力、经济和心理等多方面的考量。女性在作出这一决定时应充分考虑自己的职业目标、家庭经济状况、个人兴趣以及孩子的需求。此外，与配偶和其他家庭成员的充分沟通也是至关重要的。

女性结婚生子后，是在家全身心照顾孩子成为一位全职妈妈，还是继续工作留在职场，一直是个争议不断的话题。虽然不管作出何种选择，都是一个家庭权衡利弊的结果，旁人也无权置喙。但我始终相信，全职妈妈是个风险过大的职业，毕竟未来的变数太多了。

我的一个同学 Belle，毕业后嫁到北京，今年孩子三岁送到幼儿园，本是轻松快乐的童年，却并没感受到太多欢乐的气氛，反而学习氛围较为浓厚，我十分诧异。

这个幼儿园的家长基本都是学霸，硕士已经普及了，博士也不在少数。然而，就是这种情况，却有一半的母亲都是全职主妇。她们对于事情有着很强的规划力和执行力，给孩子制订了密不透风的学习计划，美术、钢琴、英语、高尔夫甚至帆船，都要求扎实掌握，一切都按精英的标准来。

一次，Belle 提早去接孩子放学，在监控中看到班级里正在放全英文版的小猪佩奇，而小朋友们居然都能看懂，只有自己的儿子呆若木鸡，她真的感受到了压力。回去没多久，她就辞掉了工作，全身心地投入育儿中。

持续了半年之后，效果不尽如人意，家庭氛围同样不尽如人意。从前两个人赚钱养一个人，现在一个人赚钱养两个人，还要面对昂贵的教育成本，几乎让男人喘不过气来。没过多久，两个人就因为钱与家务问题产生了隔阂。

大部分的全职主妇，真的一点都不轻松，家务永远做不完，功课永远辅导不完。想想原本不错的工作，原本美好的前途，如今只能把自己封闭在这个小小的圈子里，如井底之蛙般地从窗口望着外面的天空，何等失落。日复一日，年复一年，孩子未见得有多优秀，但经济上的悬殊，思想上的滞后，不仅造成了夫妻在家庭地位上的不平等，同时也在沟通交流上构筑了屏障。

那么，如此看来，全职妈妈真的就不能当吗？当然不是。

全职妈妈在家庭中扮演着重要的角色，通过合理的规划，不仅可以协调家庭成员之间的关系，维持家庭稳定，促进家庭和谐，还可以给予子女情感上的支持。

然而，这一切都是有前提的。这个前提就是做好全面的准备和规划，而非头脑一热，就辞了工作，回家相夫教子。

首先，我们要取得家庭成员的支持；其次，要有自我成长和学习的方案，不然只能一味地被家庭所消耗。同时，因为有了更多育儿时间，也要为孩子做好学习娱乐方案，填鸭式的学习是不可取的。另外，也要在经济上做好充足的准备，最好有个人的固定资产，或是收入来源，力求将未来的风险降到最低。

很多女性，在成为全职妈妈后，都开启了"鸡娃模式"，希望自己的牺牲能在孩子身上体现出价值，所以，不惜在教育方面"下狠手"。其实，教育这个事情向来就没有绝对正确、放之四海而皆准的真理与标准。实践中，孩子的个体差异太大了，适合的才是最好的。所以，关于兴趣班，实在没有必要学得那么全面，或者说刚开始可以全面学，为的是发现孩子的兴趣所在，一旦发现了，"靶向"学习就可以了。

我曾经和 Belle 一起去过那个精英幼儿园，当时她的儿子正在上园内自费的小提琴课程。我透过玻璃看到他疲惫的小脑袋耷拉着，没有半点兴致，后面还有两个小女孩几乎都快睡着了。这样做真的有必要吗，或者说关于让孩子更快乐一些还是更优秀一些，哪个更重要？这又是一个新的问题。

无论怎样，成为全职妈妈并非适合所有人的选择。它涉及时间、精力、经济和心理等多方面的考量。女性在作出这一决定时应充分考虑自己的职业目标、家庭经济状况、个人兴趣以及孩子的需求。此外，与配偶和其他家庭成员的充分沟通也是至关重要的。

另一方面，现今社会，离婚率偏高，女性不能把全部感情寄托在男人身上，也不能确保婚姻生活始终"万无一失"。所以，一名聪明的全职妈妈一定要在空闲时间，主动学习新技能、新知识，提高自己的竞争力。比如，学习做网店，学习做自媒体等，或是在自身的专业领域中继续拓展，这样才有随时重返职场的能力，有为自身承担风雨的底气。

聪明的全职主妇，都是怎么做的？

坚实稳固的婚姻基础，是双方都有掀桌子的能力，和不掀桌子的修养。

我的一个朋友，有个很"好吃"的名字，叫桃子。很遗憾，她给我讲了一个如鲠在喉的故事。

这似乎只是一个命途多舛的人生故事，甚至有点无聊，但当你把细节翻出来看，就会知道，人生有多惨烈，有多荒诞。

什么叫自私？

我爸用几十年的行动，亲自示范了什么叫"自私"，并且演绎得十分到位，成功地在我十岁那年，逼死了我妈。

家里人说她魔障了，现在想来应该是抑郁症。前一天，她还说要做棉鞋，第二天人就丢了，镇子上的人都帮着找，最后在河边看到了她的鞋。很快尸体就被捞了上来，水真的不深，才一米。谁能想到一米深的水也能淹死一个成年人，赴死的心是有多坚决啊。

我妈从小家境就不好，长大经人介绍远嫁给我爸。我爸是个公务员，在那个年代，优越感十足。我妈嫁过来之后，很快就有了我，为了照顾我和年迈的老人，就没有出去工作。我想这或许就是她不幸的源头吧。

从小奶奶就对我说"你妈妈就是个没用的家庭妇女"，我爸也经常说她没用，外来人口，文化程度不高，没工作，十分不屑。

印象中，我妈总是怯怯的，即使不高兴也不会说什么。因为没有收入，每到需要置办家用的时候，就得伸手跟我爸要，而我爸从不多给，给完还得絮絮叨叨说一堆贬低她没用的话。

日子过得挺憋屈，但也算安稳，直到那年我妈被她的一个亲戚骗了三千块钱。命运真是荒诞不经，我爸平时连三十块钱都不肯借出去的人，那天或许是喝多了竟然鬼使神差地同意我妈借出去三千。

之后就一发不可收拾，我爸每天明里暗里地唠叨和讽刺，说她这么蠢，活着也没用。

因为被骗钱这件事，大姨忐忑不安，打电话来想让我妈回老家去，开导开导我妈。我妈特别为难，因为我爸真的太小气了，小气到什么程度？结婚十年，只让她回了一次老家。路途遥远，他是真舍不得路费啊。而且回去还要给老人、亲戚朋友带礼物，那更是让我爸气恼的事。加上这一次被骗走三千块，我爸怎么会同意呢？结果是肯定的，我爸嗤之以鼻。

或许这是压死骆驼的最后一根稻草，也或许是产生了心理暗示，多年疲乏的婚姻终于以我妈跳河的方式结束了。

半年后，我爸再婚。

至此，山河依旧，四海清平，再没有人想起这个"没用的"家庭妇女。

我不知道桃子是以什么样的心态回顾过去的人生的，应该很绝望吧。以至于她现在对金钱和前途有着近乎偏执的欲望。

桃子已经结婚四年了，尽管丈夫答应她有了孩子也会继续支持她工作，不会影响到她的事业，可她还是不同意。前半生的打击太大了，她如同惊弓之鸟，任何对她能力上的质疑，都会让她战栗不已。"没用的家庭妇女"是她一生的逆鳞，于是，她需要大把大把的钱来证明自己，毕竟她需要太多太多的安全感。

坚实稳固的婚姻基础，是双方都有掀桌子的能力，和不掀桌子的修养。遗憾的是桃子的妈妈没有能力，而桃子的爸爸没有修养，所以，不幸就贯穿了整段婚姻。

然而，随着时代的进步，越来越多的女性已经意识到，做全职主妇那些不可避免的弊端了。于是，她们聪明且巧妙地为自己做足了保障，也让自己在家庭中处于不可或缺的地位，桃子母亲的悲剧就不会重演。

那么，她们是怎么做的呢？

1. 不要因为自己是全职主妇，就把丈夫完全从家务和教育中剥离出去

适当地让丈夫参与家务和教育子女，一方面可以让他懂得全职主妇的辛苦，另一方面也让孩子得到足够的父爱，营造良好的家庭氛围，同时更增加了丈夫的家庭责任感。

2. 了解基本的法律知识，保留家庭财务的参与权

婚后丈夫的收入属于夫妻共同财产，夫妻双方都有支配权和决定权，一定要了解家庭的财务状况，定期查看家庭理财投资情况。同时了解相关的法律常识，关注财经新闻，这样可以适当给予家庭理财方面的建议，并保证自己的参与权。

3. 保留一定的职场技能

要有风险防范意识。未来不可预见，一定要保留自己安身立命的能力。如果家庭遭遇危机，婚姻有突发状况，保障自己还可以重返职场。

4. 给予自己足够的保障

为自己购买养老保险和医疗保险，如果条件允许，还可以购买理财型商业保险，让自己多几分保障。

5. 如果丈夫自己做企业，要做好家企资产隔离

疫情过后，经济格局发生变化，不管企业做得多好，都要有防范风险、确保家庭稳固的策略，也就是将企业财务和家庭财务彻底隔离，以免当企业遇到问题时，债务发生转移。

风险不可预知，人性不可预判。最好的伴侣，应该是可以并立船头，把酒言欢，共赏湖光山色，同时又能在惊涛骇浪中持桨扶持，应对自如。换言之，你必须有自保的能力，不然即使人生没有惊涛骇浪，他也可能随时变成你的惊涛骇浪。

人的焦灼、贪婪、卑劣与虚荣，都会在生存的危机下，经受磨砺，而后蠢蠢欲动。而你要做的就是将自己的价值体现出来，做一个威风凛凛的女将军，而非在人性的刁难下，俯首乞食，四下流离。

假如遭遇家暴，不做沉默者

如果你不想一直忍受家暴，那么第一次遭受家暴时就绝对不能忍。要知道家暴和出轨一样，只有零次和无数次之分。

嫁错人的婚姻，是摧残女人的钝刀，要么日复一日要她疼，要么伺机而动要她命。为了保住这条命，Ariel 终于离婚了。我们约在咖啡馆见面，她化了精致的妆容，嘴唇上涂了 Dior 的烈焰，穿上低胸的小洋裙，美得不像话。

她说这四年来最开心的日子是结婚那天，比那更开心的日子就是离婚这天了。

从婚后第一天起，丈夫就因为婚礼上的细节问题打了她一巴掌。之后更是愈演愈烈，她随便一句话都能惹得他不高兴而动手。别人家暴还知道跪下来忏悔求原谅，可他从来不会。他算准了她要面子，在公司和家人面前都会死撑到底。

这四年来不管北京的天有多热，她都不敢随意地穿低领衣服和

生如长河，你要自渡

短袖，因为她害怕身上的淤青会引来别人探寻的目光。每次有事晚归，她都要给自己无限的勇气，才能唯唯诺诺地面对这个可怕的男人。可即使处于这般境地，她还是勇敢地给他生了一个孩子。

有了孩子后，"战火"依旧没有熄灭。有一次他们吵架，吓醒了睡觉的孩子，才一岁多的孩子摇摇晃晃地走到男人身边，拉着他的裤脚说："不去，不去。"

这么小的孩子，已经习惯了爸爸打妈妈，并试图去保护妈妈，让人心碎。

她说完之后，我很震惊，原来从前一直让人羡慕的完美婚姻，背地里早已腐烂发臭。

我无法想象那样一个儒雅的男人会做出这种事。他是金融管理专业的高才生，在美国做过交换生，现在在北京 CBD 的一家外企做总监。我经常看到他穿着精工剪裁的衬衫，戴着无框眼镜去接 Ariel 下班。谁会想到关起门来，他会抓着 Ariel 的头发往墙上撞。

果然，婚姻，爱情，乃至于人性的复杂程度远远超乎人们的想象。

直到 Ariel 忍无可忍，提出离婚那一刻，他突然恼羞成怒，一拳一拳地往 Ariel 的肚子上打。大部分时候，他都是这样的，不打在别人看得到的地方，毕竟他要维持一个体贴的丈夫、一个儒雅的领导形象。

那天打完人，他像没事发生一样，拍拍屁股就去上班了。令人惊喜的是，Ariel 这次终于没有再忍，她报了警，警察直接在男人单位把他带走了，周围都是看热闹的人，办公室里的八卦传得沸沸扬扬。

曾经西装革履的精英变成了一个笑话，大领导怒不可遏，竞争对手幸灾乐祸，基层员工之间各种传言满天飞。

男人窘迫地离职了，同时还懦弱地离了婚。Ariel 漠然地笑道："曾经让我活在水深火热中的恶魔，原来只需要勇敢一点点，就可打发掉啊。"

有时候，完美的爱人，就是完美的谎言。你羡慕的完美婚姻，可能正是别人醒不来的噩梦。

我家邻居，是一对年过七十的老夫妇。老太太酷爱广场舞、搓麻将、追剧，老头瘫痪在床，生活基本不能自理。我一直很好奇，要照顾一个生活不能自理的病人，她居然可以有大把的时间享受生活。直到那天，她家的网线断了，我去帮忙调试，一进屋我就看到这个躺在客厅床垫上的老头在那用手抓一碗干冷的饭，饭里泛黑，似乎是酱油，连咸菜都没有。肩膀下面隐约还能看到褥疮，被子枕头都十分脏，可他早已习惯。

后来听我妈说，原来这个婆婆年轻的时候，经常被丈夫打得鼻青脸肿，牙都打掉了四颗，嘴里都是假牙，现在都不敢吃硬的东西。她忍了半辈子，终于忍到了今天，把他原来对自己的伤害，连本带利地讨回来，也算对那些暴力者示警了。

我们现在的社会制度已经很完善，所以如果你正遭遇家暴，完全不需要像她那样忍那么多年，最好的办法是收集证据，报警，通过法律途径捍卫自己的权益和尊严。

总之，如果你不想一直忍受家暴，那么第一次遭受家暴时就绝对不能忍。要知道家暴和出轨一样，只有零次和无数次之分。

选错了人，也不要怕

人生得允许自己犯错，不能守着某个错误过一辈子。

四岁那年，我妈躲躲闪闪地带回家一个叔叔，给了我一块糖让我叫爸爸，我欣然接受。几天后，我去姑姑家玩，从口袋里翻出了好看的糖纸，说我有两个爸爸。然后，就东窗事发了。

我爸当时拉着我要去验 DNA，听到费用后，作罢。

他们仅用了一个工作日就谈妥了一切，办理了离婚。因为我爸重男轻女，一直想要儿子传宗接代，本想借这次机会把我甩掉，奈何我妈甘愿放弃三分之一的财产（其实也没多少）也不打算把我带走。我便跟了我爸，我爸随后又以最快的速度，把我移交给爷爷奶奶。

三年后，我同父异母的弟弟出生了，如珠如宝。真好啊，我爸终于有"皇位"继承人了，想起那个三十几平方米、一贫如洗的家，我诡异地一笑。

这些年，爷爷奶奶对我还不错，但我却还是敏感、自卑、小心翼翼地活着，生怕给别人惹来麻烦。可我忘了，我本身就是个麻烦啊。

有一次，我不小心把姑姑家的孩子绊倒了，被她指着鼻子骂："你回你自己家去，这里是我家！"那一刻，所有的情绪都喷发出来了，我哭着跑了出去，想去找爸爸，可发现我连他住哪都不知道。

那是一个周末，天气出奇的好，我蹲在一个陌生小区的门口，看着别人的父母领着孩子，在我面前有说有笑地经过，我感到前所未有的绝望。

天渐渐黑了，爷爷步履蹒跚地找到了我，把我带回了家。晚上，我爸打来了电话——距离他上一次打电话给我已经半年了。

"能待就待，不能待就滚，别到处给人添麻烦！"他说完就挂了电话，整个过程，我没说过一个字。

上了高中，我学习有点跟不上了，爷爷和我爸妈商量想给我补课，再不济也要让我上个三本。难得这么多年来，我爸妈的口径居然头一次出奇地一致：顺其自然吧，能读就读，不能读就随便找个工作上班。

那一刻，我心里最后的念想都断了。

后来，爷爷奶奶拿出了仅有的一点存款打算让我读三本，姑姑带着孩子闻风而来，与我做了一次成年人之间的对话，大意就是：两位老人的钱，有我的一半，而你已经触及我的利益了。

于是，我理所当然地念了个大专，不过毕业后工作还算不错。后来，我也有了一些积蓄。2018 年春节的时候，我给我爸转了三万元钱。然后告诉他，咱俩之间，两清了。

转眼间，我已经离婚一年了。离婚的原因是他多次出轨且酗酒。

狰狞的婚姻，早已让我疲惫不堪，一对朝夕相处的恋人最后撕破脸的样子真是太可怕了，句句戳心，刀刀见血。有一天吵架的时候，我突然看到了镜子里自己面红耳赤的模样，粗鄙且丑陋。于是，算了。

仔细想来，离婚后的一年，我过得还挺舒服的。我再也不用因为他晚归而疑神疑鬼，坐立不安，像个疯婆子似的一遍遍打给他身边的朋友。同时还少了好多家务，不用给他洗衣服、熨衣服，做饭时不必考虑他喜欢的菜色口味，不用在他酒后收拾他的呕吐物，甚至早上起来不用和他抢厕所。

最为开心的是，不用因为应付难缠的婆婆而煞费苦心。婆婆极为强势霸道，十分难相处。这些年我因为她没少受委屈，离婚后一想到我们可以老死不相往来，我简直要笑出声来了。据说前夫找了个"90 后"，真不错啊，说不定她们婆媳之间可以擦出"闪亮的火花"呢。

同时，我也有了更多精力放在工作上。毕竟未来的路要靠自己走，我也想给女儿树立一个好榜样，给她更优渥的生活。于是，在闲暇之余我进修了几门课程，下半年还做了一个大项目，工作热情前所未有地高涨。年底时，我顺理成章升了职。

没有了感情的牵绊，我突然觉得自己更有魅力了，有大把的时间可以保养自己，提升自己，陪伴孩子。

再说说孩子，我本以为离婚会对她的心灵造成创伤。然而并没有，那个总是在我们吵架时躲在墙角里瑟瑟发抖的小女孩，似乎在我离婚后变得开朗了，更爱笑了，更有安全感了。我们时常像朋友一样聊天。我也建议她，如果想爸爸可以过去爸爸那里过周末，但是她都拒绝了。看来前夫作为父亲真是太失败了。

未来的路，还很长。一段不好的婚姻犹如身上的腐肉，如果不狠心刮掉，那就会一直烂下去，直至露出森白的骨头。于是，我选择剜掉腐肉，重获新生。

以上是两个离异家庭中，女人和孩子最真实的感受，感谢两位当事人对我的不设防。

面对婚姻的失败，离与不离是最难抉择的问题。我能说出的最中肯的建议就是：人生得允许自己犯错，不能守着这个错误过一辈子。你舍不得你十年的婚姻，那只能为这十年，再搭进去下一个十年，甚至一生。

所以，你要及时止损，但这里有一个大的前提就是照顾好你的孩子，从生理到心理。

尊重孩子的感受、维护稳定的生活环境、确保抚养权与探视权的落实、关注孩子的学业与身心健康、尊重孩子的意愿与选择、避免在孩子面前争吵以及提供情感支持与安全感等措施，可以最大程度地减轻离婚对子女造成的负面影响，保证其健康成长。

具体你要做好以下几点：

1. 做好心理建设和精神准备

离婚是人生中的重大决定，需要认真考虑，谨慎抉择。在作决定之前，我们必须清楚自己的处境和离婚后所要面临的挑战及困难。如果有孩子的话，也要平静下来和孩子解释清楚离婚的缘由，并保证孩子的生活不会出现太大的改变。

2. 作好经济规划

首先要考虑到，离婚后孩子的教育、抚养费用等问题，如果不准备抚养孩子的话，也要准备好充足的抚养费用。其次，自己的生活费用，有些女人婚后就做了全职主妇，身上并没有太多积蓄，这种情况下，最好先找到收入来源再考虑离婚。

3. 维护好社交网络

离婚后，为了避免孤独和失落，我们可以尽量多参加一些社交活动，结交新的朋友。同时孩子的社交圈也要关注，可以先和老师沟通一下实际情况，寻求帮助，让老师帮孩子解决同学间的敏感问题。

总之，最好的婚姻，不仅要有爱情，还要有肝胆相照的义气、不离不弃的默契及没世不忘的恩情。如果你的婚姻什么都不剩了，那就带着孩子，以你的力量为其创造出未来的光辉岁月。

安全感是自己给自己的

那一天，我们将以自己的力量平稳地站在大地上，
那是属于我们自己的力量，不必再害怕它消失。

女人总是爱用一些虚无缥缈的东西作为生活的尺牍，比如安全感。这是一种无法称斤两、测深浅、量长短、纯粹的"感觉"，却偏偏被女人们视为对生活诸多层面定性的重要指标。

然而，在这个世界上安全感的缺失，似乎是再平常不过的事情了，连才华横溢的张爱玲都是如此，不然又怎么会写出这样的文字：

"也许每一个男子全都有过这样的两个女人，至少两个。娶了红玫瑰，久而久之，红的变成了墙上的一抹蚊子血，白的还是'床前明月光'；娶了白玫瑰，白的便是衣服上沾的一粒饭黏子，红的却是心口上一颗朱砂痣。"

可见，安全感缺失的结果便是，情感上的患得患失。

这种"患得患失"最终会使女人惶恐不安，辗转难眠，所以才会有那么多女人都在说同一句话"他让我没有安全感"。殊不知，安全感并不是别人给的，而是自己给自己的。

世间的男女本是陌生人，陌生人之间的聚散离别都是正常的事，即使有了孩子也不代表你们的婚姻有多牢固，不过是多了一份责任。所以说，无论如何，女人都要独立与自信，并保证没有男人你也一样能过得很好，而这个"好"包括精神，也包括物质。

传统的价值观让一部分女性仍然习惯站在男人的背后，做一个贤妻良母。这样的组合中，男人是家中的主要经济来源，自然占据了优势地位，女人的生活重心多是围绕丈夫和孩子，角色虽然重要，但内心的安全感却难以提升。

是啊，你每天忙于厨房，他每天忙于广阔天地，你又怎么会有安全感呢？

我的一位朋友，是一个特别精明能干的女人，白手起家，创办了自己的广告公司，生意越做越大。但结婚后她却热衷于贤妻良母的角色，把公司大权交给了丈夫，说是要做一棵柔情似水的青藤，幸福地缠绕在丈夫这棵大树上。

然而，随着大树越来越枝繁叶茂，青藤却越来越患得患失，常常不问缘由地审问丈夫，甚至监视丈夫。这让丈夫很是苦恼，终于在一年之后提出了离婚。这时她才恍然大悟，女人应该与男人做连理枝，一同生长，切不可成为依附大树的青藤。

不少女人为了把丈夫培养成参天大树，甘愿牺牲自我，放弃事业，洗手作羹汤。可当她们欣喜地看着大树日渐枝繁叶茂时，却也看到了自己待枯的枝蔓，于是不安与怀疑滋生，安全感消失得无影无踪，最终把自己和男人逼到了婚姻的"死胡同"。其实，与其埋怨男人薄情寡义，抛弃糟糠，不如问问自己：为什么自己没能长成一棵大树。

如果一个女人能够成为一棵沐浴阳光、不畏风雨的大树，时刻保持着一份迎风的潇洒与畅快，那么，还有谁会让你缺乏安全感呢？

独立与尊严本就连在一起。如果不独立，你又怎么能在他面前理直气壮地提"尊严"二字？没有了尊严，你就会愈发地感觉自己渺小。于是乎，种种不安全感袭来，你又怎会快乐？所以，不要在最能吃苦的时候选择安逸。其实男人女人都一样，努力过后、拼搏过后才能真正享受到属于自己的那份安稳与舒心。

别以为自己年轻貌美，就有获取安全感的那份自信；也别因为自己 40+，就患得患失、惴惴不安。其实我们身边有太多出色的太太们，她们虽已趋向中年，却魅力不减，事业和生活都兼顾得很好。可见，女人幸不幸福，不是取决于男人爱不爱你，也不取决于肤浅的年龄，而是取决于你自身够不够优秀。

所以，在没有安全感之前，请务必努力下去，用心走好自己的人生，相信我们总会有发光的那一天。

那一天，我们将以自己的力量平稳地站在大地上，那是属于我们自己的力量，不必再害怕它消失。

你涉水而过，不代表你拥有这条河

> 漫漫婚姻路，他要做的孽，要悔的罪，要道的歉，统统在那吵闹又疲惫的日子里，一拨拨地从内疚演绎到烦躁。她哭泣，她尖叫，她无理取闹，统统得不到任何回应。终于，两相生厌。

人生就像一场旅行，不在于目的地，而在于沿途的风景和心情。婚姻就如同两个人上了同一辆车，你们一边规划，一边欣赏着沿途风景。途中，有着各样的站点，有着各处的景色。景色可能不如你想象的那样美好，但也不会如你想象的那样糟糕；他可能会在中途下车，也可能会一直陪你走到终点。

可是，离开一个地方，风景就不再属于你。真正属于你的，是经过那段风景的记忆。即使行走了千万里，看过无数的风景，最美的风景依然是走过的路，最美的回忆永远都在记忆里。

三个月前，接到 Betsy 的电话，她坐在小酒馆里，一个人哭得稀里哗啦。等我匆忙赶到时，她的眼线都被眼泪晕开了，粉底也哭花了，口红都蹭出界了。那个将形象打理得像自己的建模一样讲究的数学界女魔头，就这样狼狈地出现在我的面前，一边打着酒嗝，一边告诉我她离婚了。

我一点儿都没惊讶，他们两个人总是在吵吵闹闹地过日子，"烟火气"过于鼎盛了，或许分开才能真正地安乐快活吧！

她哭着对我说："你根本不明白，当我一丝不苟地处理了原始数据，可做出来的结果不能用。当我尝试了各种排列组合，终于得到一个满意的结果，导师却说我不严谨。当我费尽心思地进行了稳健性测试，发现四个回归只有一个结果，却符号相反……这就是我的婚姻啊，费尽心力，结果却是个零，什么都没有了啊！他跟着她走了，把我删得干干净净……连支付宝好友都删了……"

……

那天晚上，我去结了账，为打碎的餐具跟老板一顿道歉，然后扛起一百二十斤的她，回了家。第二天，我着急回北京，临走之前告诉她：给自己四个月，四个月后你要还是这么放不下，我就陪你跪着求他回来。

四个月后，我怀着有可能陪她进行下一场闹剧的忐忑，如期而至。

彼时，看到之前那个闹闹哄哄的女人安静地坐在咖啡店的角落里，妆容精致，只是消瘦了一大圈，还算不错。

我问道："你的肉呢？"

Betsy："那是我放下过去的代价。"

我："真不错呀！"

Betsy："不错什么，过程虐得很。"

我："不用跪着去求他了？"

Betsy："他要结婚了。"

……

后来，在咖啡的芳香中，她给我讲了下面这些事。

是的，起初她的状态非常不好，在离婚的第一个月里，她失眠、愤怒、狂躁，好像每天自己和自己都有打不完的仗。

她不甘心为婚姻付出了那么多，可最终却被轻视、鄙夷、抛弃。明明是他因为初恋的召唤，狠心走出围墙，可承受结果的却是自己，这不公平。于是，她在怨恨、不甘、懊恼的怪圈中，走不出来。

她想尽一切办法在网络上捕捉他的身影，微博、Facebook、Ins，只要他不设置屏障，她都要去找他。突然有一天，她发觉自己已经没有其他的思想，没有独立的人格，变成了他不要的衍生品。

她似乎成了一具行尸走肉，整个执着于他的过程，也就是她精神死亡的过程。

为了婚姻，为了爱情，她放下自尊，连自我的存在都可以抹杀掉，耻辱地等着一个出轨的男人回心转意。她最愤怒的是她自己，一个受过高等教育的女人，居然活得这么窝囊。可是另一边她又放不下，不是因为有多爱他，而是她付出了这么多，换来的只是背叛与嘲弄。身为一位数学老师，她开始斤斤计较起来，这并不等价啊，于是心中的不甘愈演愈烈。

她苦苦煎熬着。直到有一天，她破天荒地出了门，看到初秋金黄的阳光洒满了整个小区，天也蓝得明艳，空气中有人家升灶的烟火味，院子里有老人在逗弄孩子的笑声。微风徐徐，十分清爽……她的世界，又鲜活过来了。

漫漫婚姻路，他要做的孽，要悔的罪，要道的歉，统统在那吵闹又疲惫的日子里，一拨拨地从内疚演绎到烦躁。她哭泣，她尖叫，她无理取闹，统统得不到任何回应。终于，两相生厌。

其实，他只是不爱她。

其实，她只是太爱自己了，容不得半点忤逆和背叛。

一个人变得铁石心肠之前，也曾付出过爱与善意吧，所以原谅他吧，也放过自己。

你涉水而过，不代表你就拥有这条河。你们只是短暂地彼此拥有过，未来并不同路，那就勇敢放下他，也放过自己吧。

在人的一生中，婚姻是一段复杂而多变的旅程。它可能充满甜蜜与幸福，也可能带来挑战与伤害。当一切已无法回头，放手是对彼此最后的温柔。这并非逃避，而是一种更深层次的成全。如若不然，只会给双方带来更多的痛苦。

只有冷静面对，拒绝内耗，才可以逐渐走出离婚的阴影，重新找回生活的平衡和幸福。记住，这是一个需要时间和耐心的过程，但只要你愿意努力，就一定能够走出困境，迎接新的生活。

那具体我们应该怎么做呢？

第一，需要有接受现实的勇气。离婚已成事实，无论多么痛苦，都必须正视并接受。这并不意味着要忘记过去，而是要认识到过去已经无法改变，而未来则充满了可能。

第二，要敢于放下过去的包袱。这包括那些不愉快的记忆、对前任的怨恨以及对自己的苛责。只有放下这些负担，才能轻装前行，迎接新的生活挑战。

第三，要勇于追求自己的梦想和目标。离婚可能让你重新审视自己的人生和价值，这是一个重新发现自己的好机会。不要害怕去追求那些曾经因为婚姻而放弃的梦想，勇敢地走出自己的"舒适

生如长河，你要自渡

区"，去尝试新的事物。

第四，建立新的社交圈子和人际关系也是勇敢面对新生活的重要一环。离婚并不意味着孤独，相反，这是一个结交新朋友、拓展社交圈子的好时机。可以参加一些社会上的公益组织，或是报一些兴趣课程，来结识一些志同道合的人，分享生活的乐趣。

第五，要给自己足够的时间和空间去适应新的生活状态。离婚后的疗愈过程可能漫长而曲折，但只要你勇敢地面对、积极地努力，就一定能够走出阴影，迎接充满希望和幸福的新生活。

你要知道选择结束，不仅是对新生的追求，更是对内心平静的向往。它并不是失败，而是对人生真实的一种接纳，是成长和成熟的见证。

Chapter 7

情绪稳定，拒绝内耗

戒掉骨子里的自卑感

那盏甲，能给予你推翻过往所有不堪的力量，能支撑你走向前方所有质疑的目光，能引领你迎接所有温暖和煦的阳光。

作为一个鲜少在朋友圈发照片的人，我不得不承认这是长久以来的自卑衍生的结果。

有部电影叫《那些年我们一起追过的女孩》，描述的是高中生活的浪漫温情、热烈澎湃。观看后我倍感遗憾，因为纵观我的青春期，只能用"灾难"两个字形容。

那时候我是个胖姑娘，胖到有钱有卡就是没有我穿的码，而你永远不能指望一个常年穿宽大运动服的姑娘好看到哪里去。

除此之外，我还不会唱歌，不会跳舞，不擅长任何体育项目，几乎没有任何特长，性格也是唯唯诺诺的，总想把自己缩在角落里。所有属于少女时代的光芒，到我这里变成一片黯淡。

上了大学之后，寝室的姑娘们都是比较活跃的，任何校内活动，她们都会顺带着帮我报名。所以我总被莫名其妙地推上演讲台、百米跑道、助贫义卖站，我甚至被推进了我最害怕的游泳队。每次我撕心裂肺地要往回撤的时候，她们都拖住我说：要团结！

终于有一天，我发现自己站在台上时不再紧张哆嗦，即便台下有几百人也能游刃有余；站在跑道上不再力不从心，就算劲敌再多也不至于打狼（东北方言，意为垫底）；身处游泳池里，即便被好身材的姑娘包围，我也总能以我矫健的泳姿让人们忽视我肚皮上的赘肉。

其实，我也不知道是在哪一刻战胜心底的懦弱的。一路走来，我觉得自己越来越有底气，蓦然回首，往日的自卑已经离我远去——我实现了蝶变。

在这个过程中，我们需要的不是拿到第几名，争取到多少荣誉，而是一次次战胜自己所畏惧的东西，并通过无数次的磨炼，变成一个更强大的自己，变成一个让人心悦诚服的人。

或许是女性天生敏感的缘故吧，才会那么容易让自己因为某些缺陷或是不足而自卑、痛苦。其实，你的世界之所以会消极无望，不过是因为你对自己消极无望。如果你想改变你的世界，那你就必须战胜心底的自卑。

我的一个读者，是一位大学老师，给我讲过这样一件事。

她小时候和父母住在小镇上。有一天，爸爸和单位的领导吃饭。她和领导家的孩子知道这个消息后，撒欢地跑去镇子上最大的饭店。她说她还清晰地记得当时的画面，那个领导看到自己的孩子，立刻将他抱到大腿上。而她的爸爸，则是粗暴地吼道："别捣乱，赶紧回家去！"她在周围的人怜悯的目光中怯怯地走了出来，委屈地哭了好久。从那时起，她就总有一个念头：我不如别人！

之后的很多年，她都觉得自己是个彻头彻尾的失败者。

大学毕业后，她独自去了深圳，并一直在这座城市奋斗，快节奏的生活，来自五湖四海的同事，让她一下子充实了起来。

她开始读书、运动，开始结交在梦想的路上一同打拼的朋友，开始尝试之前所有没有尝试过的事情。考研、打工、创业、参加激烈的事业单位考试，她很累，但内心却十分宁静，多年的不安与恐慌似乎一下子消失不见了。

她说是这座城市给予了她灵魂，可我却觉得是她依靠自己的努力，给那颗卑微弱小的心，注入了新的力量。

如果你问我如何走出自卑，那么我想首先就是要逼着自己忙碌起来，当你认认真真完成几件事后，你就会发现自己远比想象中的有价值。

其次，多运动，持续地阅读，让自己从肉体到心灵都得到改造。人在运动的时候，大脑是可以处于空白状态的，你完全可以利用这个空当，让自己疲惫的心放松下来。读书则更易理解，自卑的本源是，人对自身认知出现了较大的偏差，究其原因就是见识少，导致格局低，内心不够强大，而这些都是可以通过阅读改变的。

最后，要回到最初我一直强调的，去面对你所害怕的东西，通过一次次的磨炼，去改造那个并不完美的自己，别害怕，每个成功的人都要有那种逼着自己向前的勇敢的执念。

亲爱的姑娘，如果你也跟我一样自卑过，那就努力为脆弱的心灵打造一件强悍的盔甲吧。那盔甲，能给予你推翻过往所有不堪的力量，能支撑你走向前方所有质疑的目光，能引领你迎接所有温暖和煦的阳光。

停止抱怨，拒绝负能量

作为一个聪明的女人，不妨少一点牢骚，多一点体贴，少一点责备，多一点柔情，少一点抱怨，多一点理解。

一座寺院中有一个十分特别的规矩：在每年年底，寺院里的和尚都要对住持说两个心里最想说的字。第一年，住持问新剃度的和尚最想说什么，和尚答曰："床硬"。第二年，住持又问那个和尚最想说什么，和尚答曰："食劣"。第三年，住持还没问，和尚就说出了"告辞"二字。住持望着远去的和尚的背影，不禁说道："心中有魔，难以成佛。"

住持口中的"魔"，即是和尚心里无休止的抱怨。其实在现实生活中，像前面那位和尚这般满腹牢骚的女人，比比皆是。她们每天口中心中念的都是"为什么老公对我漠不关心？""为什么自己和名牌时装无缘？""为什么周围人都比自己过得好？"等诸如此类的抱怨。殊不知，人生不如意事十有八九，你有你的悲苦，他有他的辛酸，偶然发泄一下无可厚非，但是，如果惯性地抱怨他人或

生如长河，你要自渡

自己，并把它作为精神胜利法，那就危险了。

像鲁迅笔下的祥林嫂，一开口就是："我真傻，真的。我单知道雪天野兽在深山里没有食吃，会到村里来，我不知道春天也会有。"她喋喋不休地向人诉说着她的不幸，可人们多次咀嚼了她的故事后，只会像对待嚼得没滋味了的甘蔗渣，分外唾弃。这就是爱抱怨的女人给人的感觉，她们根本不懂得对自己所拥有的表示感恩，更不懂得再美好的光阴遇到抱怨都会如撞坏的瓷器，残破不堪。

我的朋友高洋，是一名典型的惯性抱怨者，她也是同事们眼中标准的"办公室怨妇"。每天她重复最多的就是"我老公不够体贴""我的孩子太笨了""公公婆婆事太多了"等家长里短。在工作中，她也不改抱怨本色，常常开着电脑聊着 MSN，与朋友交流心得，"今天迟到又被扣奖金了""之前的还没做好，老板又分配了新任务""光知道让我干活，也不涨工资"……总之，凡是她所能看到、所能想到的事情，她都要评头论足，抱怨一番。

曾有朋友劝她改变下心态，不要总抱怨生活，但是她却依旧如此。直到她的老板实在看不下去她给办公室里带来的负面情绪，便借裁员之际如释重负地将她开除了。失业后的高洋抱怨更多了，脾气也更坏了，情绪十分不稳定，常因小事与家人争吵，终于连她的老公也无法忍受她了，提出了离婚。

抱怨，看似能纾解、发泄一时的情绪，但它实际上却强化了人的负面情绪，放大了问题的严重性，使人失去了战胜困难的理性、勇气和创造力。抱怨，不会带来任何有建设性的东西，它只会降低你解决问题的能力，影响你对生活的热情，破坏你积极的人际关系，使周遭的一切事物向更坏的方向发展。

一个人的心态决定了他的一生，所以，永远不要带着抱怨的情绪去面对生活，即使生活给予你的真的不算多。因为抱怨，不仅不能为你的生活带来转机，相反只会使人更加颓废，对过去的不幸更加不能释怀。其实少说几句"天要亡我"，多想想办法并付诸行动，问题自然会迎刃而解。

许多人在挫折面前总是习惯于抱怨，一味地把失败与挫折的原因归于外界因素，而不去思考解决问题的办法。殊不知没有谁的生活是一帆风顺的，总要经历波折与磨难。不同的是，有些人选择了怨天尤人，而有些人则坚信人定胜天。

如果你还在把抱怨当作生活的一种习惯，当成一种聊胜于无的无病呻吟，那么你的生活必然是乏味的，你的明天也必然是灰暗的。既然如此，请不要再去抱怨你的不如意；不要再去抱怨你的男人穷、你的孩子笨；不要再去抱怨你没有一个富裕的家境；不要去抱怨你的工作差、工资少；不要再去抱怨你空怀一身绝技却没人赏识……

现实中有太多不如意的地方，今天的抱怨只会吸引更多的霉运。只有鼓起勇气直面困难，丢弃毫无益处的诉苦抱怨，脚踏实地地把眼前的问题处理好，生活才能还你一条平坦大道。

所以，作为一个聪明的女人，不妨少一点牢骚，多一点体贴；少一点责备，多一点柔情；少一点抱怨，多一点理解。智慧和修养才是女人一生的化妆品，这样的女人只会变成熟，而不会变老。

心态好了，人生就顺了

无论生活中遭遇何种难题，都请调整好心态，微笑着去面对，哪怕这微笑中夹杂着伤痛、不甘与愤怒。但你已经是成年人了，就要用成年人的姿态处理问题。

心态如同人生的掌舵者，掌控着命运的走向。女人的心态如何，其处世态度便会如何，进而决定了自身命运的轮廓。当遭遇不如意时，心态良好与不佳的女人会呈现出天差地别的心境，人生之路也会分岔而行。

在生活的海洋里，挑战和困难就像汹涌的波涛，不时地向我们扑来，甚至让人有被淹没之感。此时，稳定的心态就如同定海神针般重要。保持内心的平和，就如同在风暴中寻得宁静的港湾，任外界风起云涌，内心依旧安如磐石。

我曾看过这样一个故事。

男主人卡斯丁早晨起床洗漱时，随手将自己的手表放在洗漱台边，妻子怕手表被水淋湿，便把它放在了餐桌上。而这时正在吃早餐的儿子拿面包的时候，不小心将手表碰到地上摔坏了。

　　卡斯丁十分喜欢这块手表，一气之下将儿子打了一顿，然后又愤愤不平地数落了妻子一顿。妻子也很生气，说是怕水把手表弄湿了，而卡斯丁则辩解称他的手表是防水的。于是，两个人爆发了激烈的争吵。

　　大怒之下的卡斯丁没有吃早餐就直接去了公司，然而快到公司时却突然记起忘了拿公文包，于是又掉头回家取。

　　当他到家时发现妻子已经去上班了，儿子也去上学了。但卡斯丁的门钥匙还留在公文包里，他回不了家，只好打电话向妻子求助。

　　当妻子慌慌张张地往家赶时，不小心撞翻了路边的水果摊，摊主缠着她不让走，索要赔偿，她不得不赔了一笔钱才脱身。卡斯丁拿到公文包后，返回公司已经迟到，挨了上司一顿责骂，心情更糟糕了。

　　下午，他又因为满满的负能量和同事吵了一架。与此同时，妻子也因为回家送钥匙被扣掉了当月的全勤奖；儿子原本有望在棒球赛中夺冠，却因为早上挨了一顿打，心情不好，发挥失常，初赛就被淘汰了。

　　这个故事源自著名论断——费斯汀格法则，它的意思是：生活的10%是由发生在你身上的事情组成，而另外的90%则是由你对所发生的事情的反应和态度所决定。简单来说，生活中只有10%的事情是偶然的、我们无法掌控的，而另外的90%则是由我们来主宰。

　　你的一句话、一个决定，都可能为未来埋下隐患。所以说，在错综复杂的人生故事里，态度才是决定一切的根本。

　　生命总是会费尽心思地给我们带来惊喜，我们实在没有必要挖空心思吹毛求疵，与自己作对，况且你都不知道你的坏情绪，会赶走多少好运气。很多时候，情绪就像一头潜伏在内心深处的小狮

生如长河，你要自渡

子，看似莽撞难以驯服，然而只要我们能成为出色的驯兽师，它就会像一只乖巧温顺的猫咪依偎在我们脚边。所以，我们应该试着去感知它、尊重它并掌控它。

对于女人而言，没有什么比坏情绪的杀伤力更大了。烦躁不安的心境会让女人变得无精打采，让皱纹悄然爬上脸庞，让青丝过早变白，让黑眼圈愈发明显。因此，女人必须学会调节自身的情绪，关爱自己，也关爱身边的人，切不可让自身的负面能量通过蝴蝶效应蔓延开来。

当你被坏情绪笼罩时，那就去睡觉、吃饭、运动、阅读、购物，将坏情绪消解，而不要将坏情绪传递出去。眼前的困境只是暂时的，总有一道阳光能够冲破层层阴霾，带来璀璨光芒。要相信时间可以解决所有问题，就给自己多一点时间吧。

处于顺境时，不要张扬，要如同漫山遍野的郁金香一同绚烂绽放；身处逆境时，不要轻言放弃，要像已经凋零的玉兰花，在下一个春天与雨露再度相逢；陷入绝境时，不要自暴自弃，要像万丈深渊中的一棵野草，即便没有出路，也要扬起头来迎接阳光与希望。

无论生活中遭遇何种难题，都请调整好心态，微笑着去面对，哪怕这微笑中夹杂着伤痛、不甘与愤怒。但你已经是成年人了，就要用成年人的姿态处理问题。

亲爱的，不要因为内心的无助把生活过得一片狼藉，也不要让身边的人离你而去。你可能不知道，总是抱怨、聒噪的你，会逐渐失去所有的光彩与美好。很多时候，态度既能让你意气风发，也能让你变得狼狈不堪。

境由心生，知者不惑

我们的内心世界是塑造我们体验和理解世界的关键。而我们所处的环境，无论是自然的还是社会的，都会通过内心的过滤和解读而呈现出不同的面貌。

心情好的时候，看到的事物都是美好的。这是因为心情好的时候，心态平和，能够以积极的态度看待周围的事物，从而感受到更多的美好。

英国文学家约翰·弥尔顿在其不朽史诗《失乐园》中也曾写过类似的话：境由心生。的确如此，心之所向，可以使地狱变成天堂，也可以使天堂沦为地狱。可见，心态对于人是何等的重要。一个乐观的人可能将困难视为挑战，而悲观的人则可能将其视为绝境。

我们应该多关注自己的内心世界，如同匠人精心雕琢美玉一般，通过调整心态与观念，来美化自己的生活环境。与此同时，亦要如饥似渴地学习，不断磨砺智慧与能力，在生活的浪潮中，直面种种挑战与变化，成为那不为外界繁华所惑、心境澄澈的智者。

　　我国有位叫俞仲林的著名画家，最为擅长画牡丹。于是有人找他画了幅牡丹图，画好后，来人高高兴兴地捧回家，挂在了客厅里。

　　一日，这人的一个朋友登门拜访，看过这幅牡丹画之后大喊不妙。朋友说，牡丹代表富贵，而这幅画中的牡丹却缺少了一边，这不是富贵不全吗？这人听完之后大惊失色，连忙取下画，再去求俞仲林把牡丹画全。俞仲林听完事情的经过后，不以为然地笑了笑，说既然牡丹代表富贵，那这幅牡丹图缺少了一边，岂不意味着富贵无边吗？这人不禁豁然开朗，又捧着画开开心心地回家了。

　　可见，快乐还是不安，完全是跟着心境在动。

　　在生活中，我们总会经历不同的心情，忧伤悲愤，兴奋难忘，踌躇满志，晴朗舒心……心情总是在时时变换。在这些不同心态的左右下，每个人都走上了各自不同的人生轨道。或乘风破浪，或辗转而行，或徘徊不前，于是，也就有了各自不同的幸福与无奈，富贵与落魄，成功与失败。

　　所谓修身在正其心者，身有所忿懥，则不得其正；有所恐惧，则不得其正；有所好乐，则不得其正；有所忧患，则不得其正。心不在焉，视而不见，听而不闻，食而不知其味。此谓修身在正其心。

　　意思就是说规范自己的品行先要端正自己的内心，心有愤怒就不能够端正，心有恐惧就不能够端正，心有喜好就不能够端正，心有忧虑就不能够端正。思想不端正就像心不在自己身上一样：虽然在看，但却像没有看见一样；虽然在听，但却像没有听见一样；虽然在吃东西，但却一点也不知道是什么滋味。所以说，要修养自身的品行必须先端正自己的内心。

　　我们的情绪、我们的心态都会影响我们做事的结果，决定我们努力的成败。正如我们每天都无奈地说自己忙一样，"忙"者"心亡"也。当一个人的心情跌入谷底的时候，做事往往就会南辕北辙，事与愿违。因此，社会上便有了"穷忙族"的出现。

　　成者意气风发，败者心灰意冷，悲叹世事不平、命运不公，原因就在于他从未从内心寻起，究其事物根本，于是恍恍然一生。

　　其实，每个人都会有自己的不如意，每个人的心里都有难言的伤疤。一个人事业的成败，生活的惬意与否，心态显得至关重要。也许感情的债务让你郁结难消，也许生活的担子让你很疲惫，也许世态的炎凉让你心灰意冷。但请不要放弃，不要放弃我们对生活的热情与向往。因为你的心态决定了你的处境，也决定了你的人生。

　　要么你去驾驭命运，要么命运驾驭你。你的心态决定谁是坐骑，谁是骑师。未来的路还很长，所以，加油吧。

生如长河，你要自渡

与这世界握手言和

我们每个人都需要与这个世界不断地和解，生命最重要的事，就是不断自我更新，不是吗？

亲爱的，你现在可能正躲在写字楼的某个角落里伤心哭泣，委屈不已。那些职场上的明争暗斗、波谲云诡，那些上司的厉声责骂与同事的肆意诋毁，那些客户的存心刁难与男友的百般误解，让你哭完了整整一盒"心相印"。

当你把身体里最后一滴水发泄完之后，你回到了办公室。那个刻板又无情的上司，又将一个文件夹甩在你面前，要你今晚加班。你心中恨得要死，却又不敢发作，只能咬咬牙准备加班。

这时你又接到了房东的电话，那个五十几岁的老女人又要涨房租了，得知了这个消息的你脸色更黯淡了，在几经争取无效之后，你气恼地挂掉了电话。

你刚想和男朋友说房租的事，就收到了男朋友要分手的微信，原因就是前天他妈过生日你没准备礼物，就打了个电话"敷衍了事"。这时的你觉得生活简直糟糕透了，因为又少了一个人跟你分担房租。

这时到了下午三点，是公司开例会的时间。这次例会的策划书是你做的，为了让同事们高看你一眼，你耗费了很多精力和时间。

但是心里想着你的上司、你的房租、你的男朋友，你真的静不下心来解说你的策划书，你都不知道当你语无伦次地介绍你的PPT时，真是尴尬极了，最后只能在同事们"嘲讽"的目光中草草收尾。

这一天总算结束了，你已经快绝望了。压倒你的最后一根稻草，似乎随时都会飘然而至。

此刻，我想给你一碗鸡汤，不行，太柔和了，拯救不了你。

给你打针鸡血吧，也不行，一时的亢奋对于你那被蒙蔽了的心智并不会发挥多大作用。

姑娘，我觉得你现在最需要一记耳光，因为只有打醒你，你才能从自怨自艾的死循环中走出来。

你以为那是成熟之前要承受的黑暗，你以为那黑暗那样不堪，其实你错了，真正不堪的是你的内心，不堪一击。

你想不到的是，当你的上司来找你时手里拿的是两个文件夹，那本应都是你做的，可当她注意到你哭红的眼睛，终究是没忍心，只递给了你一个。

你想不到的是，北京望京的房租在几个月之前就涨了，房东看你一个小姑娘刚参加工作，一直没开口，直到她的老伴生病了，开销越来越大了。

你想不到的是，当你手舞足蹈，声音几乎颤抖地解说你的PPT时，会议室里的那一片死寂标榜的并不是不屑，而是诧异。因为你的思路虽然冒险，但创意十足。当然，他们没有起身为你鼓掌，给你拥抱，并不是你的解说太紧张，而是那群老家伙怎么会好意思承认，他们被一个小姑娘比下去了，请原谅他们的小虚荣吧。

你想不到的是，你的男朋友其实从没爱过你，这点不必深究，从你经常哭红的眼睛就可以看出来。不过没关系，一个年轻的姑娘如果不把青春浪费在错爱中，那简直就是浪费。

不过爱情说到底是为了快乐，为了生活变得更有趣，所以，你看，你放弃了一个错的人，这是多么值得庆祝的事啊！

亲爱的，或许今天对于你来说，天是阴的，风是冷的，人是麻木的。可是我多想让你看到，那些你没看到的事情的真相，那些存在于你身边的种种温暖和善意。

我知道，你总有一天会从一个任性矫情的小姑娘变成一位温和睿智、令人信服的职场女性。那时的你必定经历了太多的故事与历练，那时的你再看待这个世界必定越来越柔软。

成长，犹如食物加工的过程，必是要经历涅槃的油锅和蒸笼，才算圆满。这段时间虽然痛苦，但也请别忽略期间的温暖。

大学毕业后，我不得不从清风明月般的书斋里走出来，独自面对这个庞大的世界。起初我恐惧不已，后来我惨淡不已。可当我跌倒过几次，挣扎着站起来再次看待这个世界的时候，我发现它早已不是我先前所看到的模样，它那狰狞的外表下，其实隐藏着感动、善念、幽默与公平。

我因此知道，真实的世界与完美的世界，未尝不是一个世界；残酷的外衣下，未尝不是包裹着一颗善良的心；好事与坏事未尝不是一回事。躲在暗处的上帝，就像双子座的孩子，总是给我们安排着一系列时好时坏的际遇。

　　所以，别太偏执。在人生的路上，你总要接受那些不那么愉快的过往，以及不那么优秀的自己。我们每个人都需要与这个世界不断地和解。生命最重要的事，就是不断自我更新，不是吗？

　　江湖路远，前方必定有一个更优秀的你。

生如长河，你要自渡

无关岁月，独钟自己

不可重来的一生，你要好好爱自己，要三餐丰足，要四季衣暖，要平安喜乐，要善待自己。

在英剧《肥瑞的疯狂日记》里，有个非常不爱自己的女主 Rae。她孤僻、自卑，觉得自己是个麻烦，连活着都是一种原罪。

Rae 一直在接受心理治疗，她的心理医生反复地跟她说："你要试着爱自己。"直到一次，Rae 绝望地对他吼道："每次治疗，你都说我要爱自己，要对自己更好一点！几个月了，你就像复读机一样！但你从未告诉过我如何开始爱自己，什么时候开始！"

心理医生说："好，那我们现在就开始。"

他先让 Rae 闭上眼睛，并问道："你讨厌自己什么？"

眼泪糊满 Rae 油腻的脸庞，她回答："我很肥，我很丑，我总是搞砸一切。"

"试着回忆一下，你讨厌自己多久了？"

"我不知道，大概从九岁、十岁就开始了吧。"

"听起来这个想法由来已久。"接着，他让Rae想象十岁时的自己，想象她就坐在眼前。

"现在，请你对这个小孩说：'你很肥，你很丑，你没有任何价值，你活着只会给人添麻烦。'"

Rae说不出口，她觉得这太残忍了，但心理医生却说："你已经做了，这就是你每天都在对自己做的事情。"

自我伤害与否定的只有Rae吗？还有我们自己啊。想象一下，那个有点笨拙、有点敏感的孩子，她就那样安安静静地坐在你面前，你望着她胆怯的眼神，要如何说出那些残忍的话？可我们却每天都在说，每天都在把自己伤得体无完肤。

所以，当你想苛待自己、自我否定的时候，想想你会对那个孩子说什么，那就是你要对自己说的。我们内心里，也住着一个小孩啊。

自己不喜欢自己，自己不原谅自己，是一切痛苦的根源。我们受过教育，我们对周遭都很宽容，我们可以原谅一切误会与无心之失，却唯独忘了宽容自己。回望你的前半生，你对自己真的好吗？

亲爱的，学会爱自己吧，摆脱那些不被人爱的恐惧，摆脱那个自我厌恶的漩涡，允许自己成为自己。

我上高中的时候，唯一的爱好就是吃，体重一度飙到一百五十斤，身高一米六六，魁梧得很。那时的我真的非常自卑，总喜欢缩在角落里，无时无刻不想把自己隐藏进人群的缝隙之中，却又无时无刻不在放大自己的丑陋与卑怯。

那时候我的好朋友都是"瘦子"，不是我刻意激励自己减肥，而是和另外一个"胖子"走在一起会更滑稽。看着身边苗条的女生，在纤细的手腕上戴着各种精致的链子，还有穿着短裙时露出的细细直直的小腿，都让我羡慕得不得了。

直到后来上大学，我认识了一个男生，他高高瘦瘦的，每天活跃在篮球场上，活力四射。他很喜欢我，也很尊重我，他教会我如何运动，如何减肥，如何面对周围不友善的眼光。就这样在他的引导下，我慢慢走出了自我否定的阴影，是的，他教会了我如何爱自己。

后来我真的瘦下来了，可我依旧没有纤细的手腕和细细直直的小腿，柔柔弱弱的女神路线与我相去甚远。可是我那不够修长的手指却在无数个深夜帮我码出了一页又一页的字，我那不够纤细笔直的腿带我走过了无数的山山水水，更带我找到了回家的路。

我想这就是爱自己吧。照顾好自己，并接受自己的不完美，人生才完美。

如果你问我爱自己具体要怎样去做，那我想就应该是像对待爱人一样对待自己。

1. 保持健康的生活方式，少熬夜，多休息，适当运动。

2. 接纳自己的平凡，同时保持适度的野心去成为更优秀的人。

3. 在婚姻里，不要忽略自己，不要迷失自己，不要委屈自己。

4. 每完成一个目标，都要给自己一个奖励：一个心仪的包，一件倾心很久的衣服，或是一场浪漫美好的旅行。

5. 不管什么时候都要记得提升自己，实现自我增值，可以看书，报网络课程，听讲座。

6. 做好皮肤的保养工作，适时敷面膜，用适合自己的护肤品，如非必要，尽量不化浓妆。女人过了三十，拼的不再是化妆技巧，而是皮肤底子。紧致细滑的肌肤，不仅能让你神采奕奕，更能让你自信满满。

7.最重要的一点，爱自己永远比爱孩子多一点。你是孩子的榜样，不是孩子的保姆，孩子不会按照父母设想的那样子长大，而是按照父母本身的样子长大。所以，精致、美好、自信的妈妈，才是一个合格的妈妈。

总之，爱自己是一个全方位的过程，它涵盖了接纳与欣赏自己、关注自己的需求、照顾自己的身体、滋养自己的心灵、追求自己的梦想等多个方面。只有当女性真正地爱自己时，才能散发出独特的魅力，活出精彩的人生。

这世上，太"懂事"的女人往往命都不会太好。她们为了孩子付出了全部的汗水，为家庭断送了锦绣的前程。她们无时无刻不在苛待自己，孩子成绩上不来，她们辗转难眠；家务做得不够好，她们心怀愧疚；老公对她们冷暴力，也能让她们陷入自我怀疑中……

她们时时刻刻都在委屈自己，她们以为这是应该的，这就是爱。其实她们错了，任何一种爱，都不能以委屈自己为代价。

不可重来的一生，你要好好爱自己，要三餐丰足，要四季衣暖，要平安喜乐，要善待自己。

做一位情绪管理大师

> 正能量不是没心没肺，不是饮泣吞声，不是死撑硬挺，而是泪流满面时仍坚持着心底的善念，孤军奋战时仍坚守着最初的信仰，身处废墟之上仍有重建的勇气。

上大学的时候，我们寝室有个女生，长得高挑白净，却一脸苦相。她每天最大的乐趣就是抱怨，别的寝室睡觉之前都是欢乐的卧谈会，而我们却是听她没完没了地发牢骚，什么今天上课没人帮她签到，食堂大妈中午少给她打了好些菜，自己喜欢的男生居然和隔壁系的丑妹在一起了……

她每次都是幽幽怨怨的样子，直到我们困极了也说不完。后来我们有些烦了，索性装睡，时间久了，她觉得我们排挤她，怨气更大了。

毕业两年后，听说她得了轻度抑郁症，时常一个人喃喃自语，过得十分窘迫。

这一切要归咎于谁呢？是命运吗？当然不是。因为她的不幸，绝非偶然。

她总觉得她的一切都不如意，满腹牢骚，可那些年我却也是羡慕过她的。生得清秀，小康家庭，虽有一个弟弟，但父母给她的疼爱却一分不少，生活费永远要比我们多一些。还有她很聪明，那么难缠的高数，我要花好些精力才能弄明白，可她却一点就透。可即便这样，她的青春却也还是在抱怨中度过的。

她的存在，让我想起了我另一个同学，那是个黝黑粗犷的姑娘，颜值并不如意。家境也不好，那几年一直靠勤工俭学过日子。大二的时候有了一个不怎么体贴的男朋友，刮风下雨，她还得给他去送伞，可她从不抱怨什么。女生寝室里总爱比比鞋子，晒晒护肤品，她总是安静地看着，保持微笑，不以为意。

快到毕业的时候，因为在校期间表现优异，一直拼命争取奖学金，助学岗位干得也很好，她很顺利地回到了家乡的一家知名企业，带薪实习，少了我们奔波的过程。那时我们都以为她要失恋了，毕竟那个男人对她从未上心过。可一切都发生了逆转，男人突然意识到，那个对他嘘寒问暖的姑娘可能要离开了，一下子转了画风，对她百依百顺，并决定和她回到她的老家好好过日子。

就这样，那个出身卑微、不怎么好看的姑娘的人生像开了挂似的，让我们望尘莫及。

在处理情绪方面，男人与女人有很大的差异。例如，当考试失利时，女性往往更容易将原因归结于自己智商不够高；而男性则更倾向于认为是自己对这门课程不感兴趣，或者是没有在这门课程上用心。女人的这种负面归因模式，容易造成自我内耗，就这样，负面情绪接踵而来，越来越多，以至于只要一遇到不顺心的事，就会导致情绪波动，最终成为一个"歇斯底里的疯女人"。

生如长河，你要自渡

我们为什么不及时清理坏情绪，为什么要负重前行？任由情绪肆虐而影响自己的生活，只会让自己的身心备受困扰。要允许自己感受各种情绪，不管是恐惧、愤怒还是其他的负面情绪，并及时表达和宣泄这些消极情绪。

尼采在《善恶的彼岸》中讲道："获得真正自由的方法是要学会自我控制。如果情绪总是处于失控状态，就会被感情牵着鼻子走，丧失自由。所以那些精神自由且保持独立思考的人也正是擅长于控制自己情绪的人。"

停止一切钻牛角尖的思维，不要揪着过去不放，心若上了锁，去哪里都是牢。你处理情绪的速度，就是你通往幸福的速度。接纳一切不完美，不要让自己在幻想里沉沦，并时刻提醒自己"笑一笑"。

管理好自己的情绪，不是没心没肺，不是饮泣吞声，不是死撑硬挺，而是泪流满面时仍坚持着心底的善念，孤军奋战时仍坚守着最初的信仰，身处废墟之上仍有重建的勇气。

在这个浮躁的世界里，愿你目光清明，不被世俗琐事缠身，不被坏情绪左右。其实幸福是我们恒久期待却近在眼前的东西，很多时候不是你没有，而是你没有看见。

所以，希望你能温柔从容，平和到老。要知道，平和比什么都重要。

Chapter 8

高财商女子养成术

生如长河，你要自渡

职场上，不可短视

当我们对金钱耿耿于怀的时候，我们失去的将是更多的金钱。

我的一个朋友 Cassie，是学经济学的，在一家贸易公司工作。从业五年，她的成长及晋升速度快得惊人。

一次闲聊，我问她："五年的时间走到高管的位置上，你是怎么做到的？"

她告诉我："我从没想过我能升到哪个职位上，也没想过要赚多少钱。刚毕业那会儿，特别单纯，就怕过不了实习期，公司让我走人，所以每天都在努力学习新的东西，这样哪怕未来被迫离开，也能顺利找到工作。那时每天下午五点半，大家都准时下班，只有主管自己在整理合同文件，我就主动留下来帮她。慢慢地，我发现通过整理合同、核对细则，能发现很多问题。主管见我帮她，也会毫不吝啬地教我很多东西。时间长了，就发现自己成长得很快，得到的回报也很多。当我明白这个道理之后，我就一直沿用下来了。

是的，以完善、成就自身为出发点，工作绝不会亏待你。"

的确，工作固然是为了生计，但却不能完全只为了生计。一个以薪水为奋斗目标的人是无法走出平庸无为的生活模式的，也不会有成就感和满足感。

所以，虽然金钱是我们努力工作的目的，但除此之外，我们还应有一些其他不在银行卡上的目的，比如在工作中挖掘自己的潜能与才干，找到自己真正喜欢的专业方向，不断完善自己。

金钱，只是工作的一种报偿方式，是最直接的一种，也是最短视的一种。

我的一个大学同学，毕业后就职于一家外企的财务部门。工作伊始，老板告诉她："试用期半年。如果干得好，半年后涨工资。"

刚开始，她对工作充满了热情，干劲十足，与公司里那些拖沓懒散的老员工相比，她简直太勤奋了。三个月过后，她已经可以在公司独当一面，她觉得凭自己的能力，老板应该现在就给她加薪，而不是等到半年后，可是老板那边却并没有动静。慢慢地，她心中有了一些不满的消极情绪，工作态度也发生了变化。不再像以前那么细心了，上级交给她的任务，她也总是拖拖拉拉、敷衍了事地完成。

一次月末，单位赶制财务报表需要加班，她却对其他的同事说："你们加班吧，我先走了，我自己的工作已经做完了。"说这句话的时候，她的心中还在抱怨：我的薪水比你们少多了，干吗要和你们这样拿高薪的人一样，累死累活地加班。这一切变化，老板当然都看在眼里。

半年过去了，老板并没有提出加薪的事，她一气之下就辞

生如长河，你要自渡

职了。

后来有一天，她偶然在街头遇到一个从前的同事，谈到她当初的离开，同事说："太可惜了，一个加薪晋升的机会就这样让你错过了。那时，老板看你工作扎实，本打算在第四个月就给你加工资的，主办会计的职务也准备让你在半年后担任。可惜后来你工作态度变了……"

所以说，一个人如果只为钱而工作，没有其他的事情吸引他，那么深受其害的其实并不是公司，而是他自己。一个成功的职场人，一定将工作视为一种积极的学习经历，并在这段经历中挖掘出更多的个人成长机会。

能力比金钱重要太多了，金钱不过是阶段性的结果，它会遗失，会被盗，会被挥霍掉，但能力却是会伴随你一生的。所以，在努力这件事上，千万不要"矜持"。可惜大多数人并不明白这个道理，只知道低着头，为了薪水匆匆忙忙地工作，在琐碎的事情中消磨生命，不曾想过除了薪水之外还有更重要的东西值得他们去争取。所以，女性在职场上才会有以下那么多问题：

1. 应付工作

她们认为公司付给自己的薪水微薄，于是她们理应敷衍塞责。于是，上班期间接送孩子、追剧、刷朋友圈、逛淘宝，怎么舒服怎么来。在她们眼里，工作只是那一张工资条，完全与事业前途没有关系。

2. 四处兼职

在工作时间巧妙地干兼职，什么代购、微商，或是做自身专业领域的其他项目，数目众多，多种角色不停地转换，长期处于疲劳状态。工作不出色，能力也无法提高，专业性无法上升，最终谋生的路子越走越窄。

3.时刻准备跳槽

很多女性，因为自身的原因，薪水不高，生活质量无法提高，却不想着进修和完善，而是幻想跳槽到下一家公司就会解决问题。但事实上，她们中的大部分不但没有越跳越高，反而因为频繁地换工作，使公司对她们持怀疑态度，不敢对她们委以重任。

可见，一个人如果只是为了金钱而工作，仅把工作当成换取面包的途径，那么受害的只是自己。当我们对金钱耿耿于怀的时候，我们失去的将是更多的金钱。所以，在解决了温饱之后，我们不妨为自己的未来做好谋划。

养成阅读财经信息的习惯

去用一只香奈儿的钱上一堂昂贵的财经课程吧，或是拿着你的小金库去买一个入门级的理财产品。少买一条裙子就可以多买一些财经杂志和理财书籍，如果能取消了下午茶，去参加一些有意义的行业峰会那就更有意义了……

在这个时代里，女人不管在工作、生活还是财务上，都面临着种种考验。尤其是财务方面，客观环境已经对女性的独立提出了越来越高的要求，而独立的基础就是经济。经济自主不仅可以让女人有更多选择的权利，还可以自行定义自己的幸福。因此，用知识来生财也是现代"薪"女性必备的功课之一。

在很多女人的印象中，财经信息是听不懂的"天书"，里面充满了普通人怎么也琢磨不懂的经济理论，所以她们才会对财经新闻或书籍"望而却步"。除非你打算隐居山野老林，从此不问世事，否则还是有必要学一点宏观经济学的。

经济学大师萨缪尔森曾说："在人的一生中，你永远都无法回避经济学。"经济学围绕在每个人的身边，衣食住行无不关乎经济学。例如：不去工作，还能继续生存吗？为何我买的股票在涨的时候，基金却下跌？为何我这个月拿的工资比上个月少二百？油价为什么会上调？人民币和美元之间的汇率为什么会波动？历史上第一次经济工作会议，竟然发生在我国西汉时期？……

经济学不一定能让你赚到钱，但会让你变得更值钱，会让你置身这个世界而不再感到迷茫，能让你拥有精明的头脑和清晰的思维，能让你冲破局限，拥有更广阔的视野，甚至能在关键时刻救你的命。

如果我们能每天少看一集电视剧，把节省下来的时间用来阅读财经信息，那么天长日久，你的知识储备和理财能力一定会令人侧目，至少别人会觉得你是一个智慧型的女人，不是那些每天只知道泡沫剧和名牌的肤浅女人。或许刚开始的时候，枯燥难懂、晦涩复杂的经济关系会让你头疼，密密麻麻的数字也会给你沉重的压迫感，但毅力是让你成功地走上有钱人生活道路的秘密武器。

其实，阅读财经信息的时间最好是利用坐地铁或搭公交车的时候，将碎片化的时间利用起来，能让你的时间更充沛自由。

或许刚翻开财经新闻的时候，你会不知道从什么地方开始看，不知道它在说些什么，一点兴趣都没有，这都是很正常的。此时，不妨幻想自己已经是一位非常有能力的女强人，或是旁边正有人在侧目欣赏着自己，这样愉快的努力，只要坚持一周，你就会感觉到其实"财经"这个东西离你并不遥远。如果这样坚持一年、两年、三年，你也能变成理财高手。

所以，现在不妨把自己当作董事长的秘书，告诉自己每天必须

生如长河，你要自渡

要把重要信息收集起来，如果可以，最好做个简单的 PPT。可能第一次会觉得很头疼，但只要日复一日地坚持下来，你慢慢地就能判断什么是重要新闻、什么是鸡肋了。

同时，买一些必要的财经杂志也很重要。或许有人会觉得，只要把手机打开，五花八门的信息就会呈现出来，那为什么非得买书来看呢，有必要吗？其实这就跟在家里看电视和去影院看电影一样，感觉是不同的。书是花钱买来的，因为花了钱，所以人们自然会想着要从中"吸取"价值。另外，书上的信息比网络上的更为客观、准确，会让人有一种"吸收"知识的感觉。翻开书的瞬间，整个人都严谨起来了。

总的来说，书籍和网络新闻各有自己的长处。网络新闻的优点是快，书籍的优点是严谨，两种都是我们阅读的载体。

一个女人的美丽，绝不仅限于外貌上，只有同时具备财富与智慧才是优雅的、高贵的。因为她能运用智慧为自己创造财富，不依赖于任何人。所以，女人在忙于自己的工作、家庭之外，还要收集各类财经信息，随时更新自己的理财知识，对自己的投资一定要付出时间、勤做功课，抓住经济变化的风向与脉络，才不会让投资理财只在原地打转。

所以，去用一只香奈儿的钱上一堂昂贵的财经课程吧，或是拿着你的小金库去买一个入门级的理财产品。少买一条裙子就可以多买一些财经杂志和理财书籍，如果能取消了下午茶，去参加一些有意义的行业峰会那就更有意义了。

房市大低潮，你还买不买？

这座城市很堵，很堵的城市里的霾很大，很大的霾下的房子很贵，很贵的房子里的人很累，很累的人的心，都很暖……

　　我不知道一个人能对房子执着到什么程度，但我知道，房子对于我来说就是梦想，就是信仰。

　　我家的房子是那种二十世纪八十年代的筒子楼，砖垒的。每年夏天，牵牛花都会爬满墙，在阳光的照射下，落下一地斑驳的树影。临街的那一面，因为市容建设被刷了一层新漆，远看似乎翻新了，近看全是岁月留下的凋敝的痕迹。

　　顶楼，一居室，三十多平方米，东西向，夏天特别热，就像放在火上烤，门都不敢关，为了保护可怜的隐私，只能挂个帘子。冬天，风从四面八方吹来，感觉每个角落都在透着寒气，回家的第一件事就是钻进被窝，没有要紧的事休想让我从床上下来。

最难过的事，就是我从来没有过属于自己的房间，在小小的客厅里摆张床，就是我的全部空间。那时我非常羡慕同学有自己的房间，不用太大，就可以放进所有的少女心事。等我大一些的时候，妈妈在我的床边拉了道帘子，我全部的私人空间"完工"了。

那时候，最怕家里来客人，因为一旦来了超过两个人，我就会连站的地方都没有了。

大二快放寒假的时候和妈妈视频，妈妈裹着里三层外三层的衣服，身上还披着棉被，在手机的那头说："家里今年供暖不好，要不你晚点回来吧。"望着她眼里殷切期盼我回家的目光，口中却说出违心的话，我的眼圈一下子就红了。

这些年，我一直很努力很努力地赚钱，我知道只有攒够了钱买房子，我妈妈才能勇敢地舍弃这片瓦遮身之地，和我那个成日在外面鬼混的爸爸离婚，我才能真正拥有一个心灵的归属地，释放我所有的不安、难过和委屈。

是的，房子是我的梦魇，房子是我的魔怔。

和前男友在"魔都"那几年，我们辗转搬了好多次家，遇到过形形色色的房东，总的来说，和善的少，苛刻的多。

有的房东经常不打招呼就过来突击检查房子，生怕我们把他破旧不堪的地板磨花、斑驳脱皮的墙壁弄脏。还有的房东，在我们租的房子里供奉了神像，初一十五就过来焚香，唬得很。最头疼的一个房东，简直把我们这里当仓库，没用的东西放进来，需要用的时候再来搬，你永远不知道下班回家的时候他在不在，毫无隐私可言。

生活异常混乱且疲惫，有限的收入还要悉数上缴。捉襟见肘的日子，我和男友吵架的次数也越来越多，毕竟年纪越来越大，想要的就越来越多。

直到有一次，我们又因为买房结婚的事吵了起来，他的意思是首付他家出，贷款和装修两个人一起攒，但是他父母不同意在房产证上加上我的名字。我气得让他滚，可是他反驳道：这个月的房租都是我交的，要滚也是你滚。

我永远忘不了那个雨夜，我拖着巨大的行李箱，走在潮湿阴冷的巷子里，无处可去，深感人生的荒凉。

那种荒凉是发自心底的，然后钻进五脏六腑，豁开一个个口子，风在里面来来往往，寒气刺骨。

之后的很长时间，走在这个繁华的都市里，我都在细细观察，不是观察它的热闹与瑰丽，而是观察如果有一天我再被赶出来，哪个桥洞可以为我遮风挡雨。

三年后，我终于在这个城市里有了一套小小的公寓，从此再不用流落街头了。

交钥匙的那天晚上，我哭了很久。这之于我，并不仅仅是一个房子，更是生存的尊严。有了它，即使流泪，都可以流得有条不紊，不必遮遮掩掩。

是的，它比男人可靠多了，至少它永远接纳你，永远不离开。

每个女人都应该拥有一套属于自己的房子，这样至少你能拥有它几十年的所有权，而一个男人你能保证拥有他几十年吗？

所以，千万不要指望，找一个男人来解决房子问题。男人爱你的时候什么都能给你，那若有一天他不爱你了呢？人心是最善变

生如长河，你要自波

的，他如果有一天要离开你了，不管他身家有多贵重，都会与你算经济账，都会夺走他曾给予你的一切。

别以为你放弃了事业，为家里付出了多少，为男人生下了孩子，就可以安安稳稳地在他的房子里落脚，真到分崩离析的时候，没有人会顾念你的付出。很多时候，看似不近人情的顾虑，却又实实在在反映了人性之间的复杂与多变。

所以，女人无论怎样艰难，都必须得为自己的房子而努力奋斗。只有这样，你才可以用一种平等的方式去正视男人与婚姻。当你有了属于自己的空间以后，你心中对情感与婚姻的落差值就会小很多。

当然，以上都是从感性的角度出发的，而自身的经济水平和大时代经济环境，才是需要我们重点考量的。

然而，人要活在当下，等待不是生活，等待只是消磨。在我们翘首以待房市回归冰点的时候，那些阳台赏花、窗前听雨的温馨期待也被辜负了。

房子不仅仅给我们提供了生存空间，也提供了情绪价值。如果经济条件允许，不存在炒房升值的顾虑，为当下的自己买一套小房子又如何呢？

别人的屋檐下，永远是别人的家；我们自己的家，才能够放得下自己所有的体面。

最好的省钱方法，就是赚钱

可贫穷和中毒一样，亦有解药，那不死的执念与非人般的努力就是摆脱窘境的唯一渠道。所以，别让自己贫穷太久。如果你拼命地节俭，也无法让自己过得宽裕一些，那不如换一种生活方式，一边寻找新的财路，一边享受生活的乐趣。

纳瓦尔·拉维坎特在《纳瓦尔宝典》中，曾写过这样一句话："把时间花在省钱上不会致富，省出时间来赚钱才是。"

事实如此，现代社会，大部分人更注重省钱，却忽视了更为重要的时间管理与投资带来的效益。他们每天花费大量时间比较价格，为了研究哪个直播间更优惠，做出了超详细的对比图，为了能在"双十一"抢到优惠券，不惜蹲守到凌晨。尽管他们已经如此尽力了，可他们的生活质量却并没有得到提升，为什么呢？

因为在这个过程中，他们的时间成本被严重低估了。这些人每天花费的时间和精力，完全可以用来拓展新的财路，学习新的技能，可他们并没有这么做。

他们没想明白，钱不是省出来的，是赚出来的。

金钱，束缚了你的自由，但它也给予了你自由。可是，当你"杯水车薪"地攒钱的时候，你自由了吗？

我曾经的同事 Aimee，是一个非常优秀的姑娘。我们合作了很多出色的案子。她独树一帜的想法，总能换回客户口袋里大把的钱。

我以为那样光鲜、乐观的姑娘，必然是生活在阳光下的，可惜她不是。

她告诉我，她小的时候母亲去接她放学，一定要走一条绕远的路回家，因为那条路上有很多空的矿泉水瓶。去菜市场买菜，母亲也只会挑一些快烂掉的菜叶，让小贩便宜些。每逢周一早上超市鸡蛋大减价，母亲都会拉着并不情愿的父亲排两个小时的队，因为两个人可以多买一斤。

可是，即便已经节俭到骨子里了，他们的日子依旧过得捉襟见肘。

所以，童年的 Aimee，在还算不明白加减法的时候，就清楚地知道了钱的重要性。在一次次面对母亲歇斯底里的怒骂和父亲摔碎一地的茶杯时，她就认定，只有钱才能把这破碎的一切粘起来，是的，很多钱。那么多的钱，不是能省出来的数字。

上了大学后，她拼命打工。每到发工资的时候，她都像举行某种宗教仪式般虔诚地将这些钱摆在床上，仿佛只有这些红红绿绿的钞票，才能给她一丝温暖。

跟母亲不同的是，她从不省钱，喜欢的书、电影、衣服、演唱会、课程，她必然争取；寒暑假的旅行，她永远是最积极的。大学毕业时，她已经把自己打理得很好了，丰富的见识、独到的服装搭配，让她很顺利地进入了 CBD 的写字楼里。

此后，她的人生就开挂了，因为在这里，没人会怀疑 Aimee 的赚钱能力。

她告诉我，省出来的钱并没有帮她找回丢失的自尊，但赚来的钱却狠狠地给她撑了腰。

这个时代对女人的要求是苛刻的。纵观职场，男人和女人的区别，只有骡子和马的细微差距而已。所以最安稳的日子，已经不再是像从前那样，拼命地为男人省出半个家当，而是为自己赚出一个身家啊。

贫穷的出现，其实是有征兆的，它从一个人内心的负能量生根发芽，继而衍生出怨天尤人与墨守成规，在无数次的循环中加重，最后铺天盖地席卷而来，让你连反抗的念想都忘记了。

可贫穷和中毒一样，亦有解药，那不死的执念与非人般的努力就是摆脱窘境的唯一渠道。所以，别让自己贫穷太久，如果你拼命地节俭，也无法让自己过得安稳一些，那不如换一种生活方式：一边寻找新的财路，一边享受生活的乐趣。

一个人节省太久，就会缺乏从容的态度，享受不到金钱带给我们的快乐。所以说，赚钱和花钱，缺了哪个都会让我们生活中的乐趣减半。

我们之所以想拥有钱，是因为我们憧憬美好的东西。如果你总是舍不得善待自己，那只会把本该丰盈的人生，榨成荒芜的沙漠。

所以，明天好好去赚钱吧，然后别忘了，对自己大方一点。

这两件事，同等重要。

思考致富，而不是工作致富

> 致富依靠的是你的思考能力，而非靠贩卖时间。而大部分的人在追求财富的过程中，往往会陷入一个"牺牲自由工作，就会有钱"的陷阱中去，他们觉得只要工作的时间够长，就一定能积累到财富。

姐妹们聚在一起聊天，总免不了相互抱怨一番，什么公司 A 小姐嫁了有钱的老公自此成为富婆，或 X 小姐家庭背景好，出生就是富贵花……可看看自己呢？不过是个"白领"的命，每个月工资不到月底就花光光，当真是"白领"了。

几个女人无不感叹命运多舛、造化弄人，毕竟同样是人，怎么自己的财富值就那么低呢……原生家庭没给自己足够的底气，后天那个理想中的霸总老公又没有按时出现，命运果然不公呀！

事实上真是如此吗？难道这个世界上有钱的女人，都是靠嫁了有钱老公或是拥有有钱老爸才有钱的吗？当然不是，我们随便打开新闻看看，就会发现不少让人羡慕的富婆，都是靠自己创业成功的。

老干妈辣椒酱的创始人陶华碧女士，就是这样一个成功的典型案例。

陶华碧，1947 年出生于贵州省的一个偏僻山村，由于家庭贫困，她从未上过学，也不识字。二十岁时，她嫁给了贵州 206 地质队的一名地质普查员，但没过几年，丈夫便病逝了，陶华碧不得不独自承担起抚养两个儿子的重任。

面对破败的家，陶华碧来不及多想，便用捡来的砖头和瓦片搭起了一个"路边摊"，卖起了小吃。她制作的米豆腐价低量足，吸引了附近很多学生光顾。为了让学生吃得更实惠，陶华碧甚至对家境困难的学生免费供餐，这一举动让她赢得了"干妈"的亲切称呼，也为她的品牌积累了良好的口碑。

在经营过程中，陶华碧发现自制的豆豉麻辣酱比米豆腐更受欢迎。于是，她逐渐将重心转向辣椒酱的生产和销售，一时间销量惊人。

1996 年 8 月，她借用村委会的两间房子，办起了辣椒酱加工厂，牌子就叫"老干妈"。起初，这里只有四十名员工，环境简陋，设备不全，所有工艺都采用手工操作方式。凭借独特的口味和过硬的质量，"老干妈"辣椒酱迅速占领了市场。

眼前的成功并未让陶华碧停歇，也并未让她迷惑。她持续扩大生产规模，广告营销轮番上阵，销量一路长虹。与此同时，她深知品牌的重要性，坚持使用自己的肖像作为产品包装的一部分，这一举措不仅增强了品牌的识别度，也增强了消费者对品牌的信任感。另一方面，她始终坚持"四不"原则：不贷款、不融资、不参股、不上市，坚决不被资本裹挟。

　　就这样，她凭借自己的智慧，将一个不起眼的地摊生意发展成为全球知名的辣椒酱品牌，不仅为中国民营企业的发展树立了典范，也为自己积累了大量财富。

　　《富爸爸穷爸爸》中，有这样一句话：财富不是工作的回报，是思考的回报。的确如此，真正的巨额财富皆来自我们的智慧。

　　在商业实践中，许多成功的企业家和投资人都是善于思考的人。他们通过深入的市场分析、独特的商业模式和创新的产品设计，实现了财富的积累和增长。同时，他们也注重不断学习和提升自己的思考能力，以适应不断变化的市场环境。

　　在股票投资领域，缺乏独立思考的人随处可见，他们没有主见，往往盲目草率。巴菲特将这类人形象地比作"旅鼠"，这说的就是他们具有从众的特点。

　　盲目从众会使人养成依赖他人的习惯，而不去自己探寻答案，即便运气好可能会获得一时的利益，但对于提高通过思考致富的能力却毫无帮助。因此，若想培养思考习惯，依靠思考致富成为有钱人，就一定要从细节着手，循序渐进地引导并培养自己独立思考的能力。

　　思考越深，成长越快。只有深入思考，挖掘出我们内心深处的欲望和潜能，才能找到真正适合自己的财富之路。

改变令你贫穷的思想

贫穷不是你的宿命，那些束缚你的思想才是。我们应该从思想入手，通过改变思想来提升我们的生活品质和财富水平。

俞敏洪曾说过，思想是人的翅膀，带着人飞向想去的地方。的确如此，思想怎样，人生就怎样。你之所以走入困境，贫困潦倒，并不是老天在戏弄你，而是你脑袋里那些令你贫穷的思想在一步步引你入局。

我有个大学同学，叫悠悠，她很聪明，对文字非常敏感，也总能捕捉到热点的东西。我们的关系不错，毕业后我请她帮我写一篇采访稿，本以为老同学见面会相谈甚欢，可没想到，她第一句话，就是问我："多少钱？"

我不动声色地笑了笑，让她放心，一定让她满意。

她看出我有不悦之色，对我说了这样一句话："我不是贪财，但这是我的劳动所得，而且我也是凭本事赚钱。不过作为老同学，我可以请你吃饭。"

是啊，体面地赚钱不是理所当然的事情吗？为什么我们头脑中一定会有一些奇怪的想法，而这些想法足以让我们贫困潦倒。

很多时候，阻碍你通往财富之路的可能只是你心态上的一个错误观念。一个根深蒂固的财富观往往会塑造一个人的生活方式，而令你贫穷的思想则会在无形中吞噬掉本该属于你的财富。所以，姑娘，是时候铲除那些令人着急的思想了。

那么，令你贫穷的思想主要有哪些呢？

"财富来自剥削他人。"

这种观念源自犹太基督教育，它可以看成是一种人们不愿付诸行动的托词，或是一种人们对追求财富时产生的负面结论。这种观念也反映出一个人对财富的无知。

财富的聚敛不能简单地看成剥削。以股票投资为例：股市沉浮于各个投资者之间，而各个投资者基本上都是互蒙其利的关系。当有一方买入股票时，他并不知晓卖方的真实身份，因此并未产生剥削对方的行为。一般来说，卖方都是在评估股价将要下跌的时候或是确定已经有足够获利的时候才会卖出股票。至于买方，他则会在认为股价即将攀升时才决定买入。双方抱有这样那样截然不同的想法，才使交易完成，其实没有一方受到剥削。

金钱能给你带来丰富的物质和精神享受，让你尽情享受人生乐趣的同时，也获得一种有益身心的平静感。世上可能只有乌托邦主义者坚信金钱与幸福之间毫无关系。拥有金钱不能保证你生活得一定幸福，但没有金钱，你的生活一定会有所遗憾和缺失。

"金钱不会带来幸福。"

这几乎是世界上最荒谬的言论了，金钱有什么不好？它使你富足、安稳地生活。它并不是魔鬼，也并不是万恶之源，它只是一种工具，它的好坏完全取决于使用它的方式。如果你懂得用金钱让父母晚年无忧，用金钱让爱人过上舒适生活，用金钱让你的孩子享受更好的教育，那么金钱绝对是你生命中最不可或缺的朋友。

"致富需要花很多时间。"

这是一种普遍的观点，其实除了某些个例之外，绝大多数人是无法在短期内迅速致富的。追求财富如同种树，只有留给树木抽芽成长的时间，它才能结出财富的果实。但你不能因此认为致富的过程需要二三十年。财富不可能自动滚进你的腰包，你必须拿出时间主动追求财富。至于致富需要多少时间，请记住，致富不会比变穷花上更多时间。

"只要有好工作就能致富。"

小的时候，父母经常对我们说"好好读书，将来才找得到好工作"之类的话，这也是大多数父母对孩子的叮咛与期盼。当然，每个月有稳定的薪水入账的确是个令人安心的方案，但是这却绝不是一条发家致富的道路。翻翻那些财经杂志或买几份财经日报，凡是描述成功人物 A 先生或 B 女士的报道，不会有一句提到他们靠着每天规规矩矩上班而致富的。

当然，这里并不是说安分地工作就无法致富。虽然人们很难单靠一份死工资致富，但如果将你的工作和你的工作能力正确运用，发挥它们的优势，工作就是你第一个财富源泉。只要你能充分利用好工作和自身能力这两项重要资产，便可走向致富之路。

贫穷不是你的宿命，那些束缚你的思想才是。我们应该从思想入手，通过改变思想来提升我们的生活品质和财富水平。通过这些策略，我们可以逐渐改变那些导致贫穷的思想，并培养出更加积极健康、富有成效的思维方式。记住，改变是一个渐进的过程，需要时间和持续的努力。但只要你坚持下去，就一定能够看到自己的进步和成长。

高财商女人"升值"记

> 当真正开始用心去学习，去改变，通过财商让自己"升值"，我们就会惊喜地发现，财富似乎真的开始如涓涓细流，汇聚而来，而后愈发澎湃，如潮水般向我们涌来。而伴随着财富的增加，我们也能更好地享受生活，享受爱。

电影《寄生虫》里，有这样一句台词："钱，就像一个熨斗，能烫平生活的所有褶皱。"

事实上，的确如此。无论是追求更高质量的教育、享受更为舒适的居住环境，还是来一场说走就走的旅行，探索未知的世界，都离不开金钱的"加持"。金钱赋予了我们太多选择的权利，让我们能够更优雅地去体验人生百味，所以，努力赚钱才显得那么重要。

在当今社会，女性追寻金钱、积累财富的力量，正以前所未有的态势崛起。她们在各个领域发光发热，展现着独特的智慧与价值，成功完成了自我的"升值"。那么，她们是怎样做的呢？

1. 持续学习与自我提升

聪明的女人深知财务知识的重要性，因此她们会不断学习和更新自己的财务知识，包括投资、理财、税务等方面的信息。并且，她们还会时刻关注国家政策的调整，并分析出后续可能会产生的影响，然后在第一时间对自己的财产布局作出同步调整。

此外，关注一些财经主播的视频作品，也是一个不错的选择，可以使自己保持对财务领域的敏锐洞察力。

2. 优化支出管理

理财是一个综合性的过程，它涉及如何有效地管理个人的财务资源，以实现短期和长期的经济目标。在这个过程中，优化支出管理是至关重要的。

这就要求我们首先要明确收支情况，记录每月的收入情况，包括工资、奖金、投资收益等，列出所有固定支出（如贷款还款、基础生活费用等）和可变支出（如餐饮、娱乐、购物等）。然后，定期分析自己的消费习惯，以便找出可以节省开支的地方。

3. 积极投资与多元化资产配置

投资是实现财富增长的重要途径。高财商的女人会根据自己的风险承受能力和投资目标，选择合适的投资工具和渠道。同时，她们也会更注重资产配置的多元化，以降低投资风险并提高整体收益。

4. 保持理性与冷静

市场经济的震荡是不可避免的，所以，我们在面对市场波动或投资机会时，是否能够保持理性思考和冷静判断，显得尤为重要，切不可因为一时的市场热潮或恐慌而盲目跟风或作出冲动的决策。

总之，拥有高财商对于个人来说具有极其重要的意义。它不仅能够帮助个人更好地管理财务、提升生活质量，还能够为个人的职业发展提供有力支持。因此，每个人都应该重视财商的培养和提升，通过不断学习和实践来增强自己的财务管理能力，让自己的财务更自由。

当真正开始用心去学习，去改变，通过财商让自己"升值"，我们就会惊喜地发现，财富似乎真的开始如涓涓细流，汇聚而来，而后愈发澎湃，如潮水般向我们涌来。而伴随着财富的增加，我们也能更好地享受生活，享受爱。

当然，尽管金钱带来了诸多好处，我们也仍应该认识到金钱并非万能。它不能解决所有问题，也不能完全衡量一个人的价值或幸福感。因此，在追求金钱的同时，我们也应该注重精神层面的成长和内心的满足。

Chapter 9

二次长大：
你只是成年了，你还没有长大

你不够优秀，因为你不够孤独

> 每一个优秀的人，都必然有一段沉默的时光。那一段时光，是付出了很多努力，忍受了很多孤独和寂寞，日后说起时，连自己都能被感动的日子。

关于"孤独"这个词，百度解释得很有意思：在中国文字里，孤是王者，独是独一无二，而独一无二的王者必须永远接受孤独。他不需要接受任何人的认同，更加不需要任何人的怜悯，王者绝对可以在很平静的环境下独行。

抛开那个独特的历史环境，即使是在今天，这个说法也是行得通的。你要爬到足够高的位置上，就必须承担与之相匹配的孤独。反过来，你也只有足够孤独，才能足够优秀，才能到达让人仰望的位置。

所以，我一直强调，孤独并不是什么坏事，尤其是对于女人来说。

周嘉宁在《一个人住第三年》中写过这样一段话：孤独有时候

也并不是一件太糟糕的事情，与嘈杂比起来，安静却孤独的生活仿佛还显得更妙一点，或许至少得有那么一段时间，几年的时间，一个人必须自己生活着，才是对的，否则怎么能够感受自己的节奏、听到自己内心的声音。

是啊，一个人只有感受到自己的节奏，才能认清真实的自己，知道自己想要的是什么，并为之努力，直到达到我们所谓的"优秀"。

一个人可能不容易，但一个人会越来越坚强。没有可以依靠的肩膀，你必然越来越清醒、越来越强大。

所以说，我们要习惯独处，不要总往人堆里扎。要知道那种女人聚会的场面除了八卦和消费，很少有其他了。基本上，三五个女人碰到一起，就可以把商场的折扣活动以及韩剧的各种情节细数一遍。

或许你觉得这是每个活在群体里的人的常态，然而你不知道的是，这样合群的结果就是，梦想是你一个人的，梦想荒芜的结果也是你一个人的。

只有当一个人真正孤独地面对自己并开始思考时，这个人才开始成熟，也才有可能创造出有价值的东西。所以说，彻底的思考常与彻底的孤独为伴。

记得在大学的选修课上，老师曾放过一个片子《美丽心灵》。这部在豆瓣上被评了8.8分的经典励志片，却让下面的学生看得漫不经心。几对情侣在角落里卿卿我我，还有的就是三三两两地低声聊天，与这部电影的主题形成了鲜明的对比。

影片讲的是一个倔强、孤独的天才——纳什，在得了精神分裂症的情况下，经过痛苦的挣扎与努力，最终提出了纳什均衡的概念和均衡存在定理，并获得诺贝尔奖的真实故事。诚然，纳什是不幸的，因为他的孤独与执着，与周围格格不入；可另一方面也正因为此，他才能沉寂在自己的世界里，完成了至今仍被数学、经济学等领域奉为宝典的"纳什均衡"博弈理论。

这是一个浮躁的时代，各种励志书都在费尽心机地教人建立人脉网，学习怎样说话才能天衣无缝，却鲜有人会去告诉人们品味孤独、善于独处。强调行动力本身并没有错，但是没有经过独立思考的行动真的是值得学习的吗？

这个世界就是如此，每个人都希望自己优秀，但似乎每个人都不愿意去品味孤独。殊不知，每一个优秀的人，都必然有一段沉默的时光。那一段时光，是付出了很多努力，忍受了很多孤独和寂寞，日后说起时，连自己都能被感动的日子。

我毕业后刚成为北漂的时候，感觉特别无助，各种不适应。

下班后回到家，很想说说这一天的委屈和收获；看到有趣的电视节目，很想找个人来一起大笑；早上起来发现阳光很好，伸个懒腰后也想同人聊聊天气……可是突然发现身边连个可以分享的人都没有，于是所有的情绪又压了下去。

有时候觉得屋子安静得可怕，为了缓解这种状况，我会打开下载好的电视剧，那时候最常放的就是香港电视广播有限公司的《皆大欢喜》，因为足够热闹，三百多集，也足够长。就这样放着也不去看，任凭声音萦绕，好像这样就不止我一个人在家，然后自顾自地收拾屋子、洗澡、做饭。

时间久了，就不大喜欢回家，因为家里没有什么是值得期待的。

可是那又怎么样呢？正是在那段孤独的时光里，我完成了第一本书，并为考研做了充足的准备。我承认那段时间很煎熬，那种煎熬是看着外面灯火阑珊，我却一个人坐在床上捧着小吃街买来的凉拌面时的失落。可是不熬过来你怎么告别从前的平庸与卑微，你怎么有底气站在一个优秀的男人面前，你怎么有本事让日渐年迈的父母安享晚年，你怎么有能力在职场的厮杀中屹立不倒……那些孤独的岁月，强大到可以改变你的灵魂啊。

孤独之前是迷茫，孤独之后是成长。在这样的日子里，我们会更加珍惜自己的时间，也会更加明白自己真正想要的是什么。一个人的生活，虽然简单，却也充满了无限的可能。

所以，亲爱的姑娘，你一定要记住，一个人的时候，或许会很糟糕，但也很容易出众。

生如长河，你要自渡

允许遗憾存在

对于遗憾，只有在经历之后，我们才能明白，才能成熟。人生之路，不会总有枝繁叶茂的树、漫山遍野的花朵、蜂舞蝶飞的美好景色，它也会有狂风暴雨、雷鸣闪电、荆棘丛生，任谁也无法轻松跨越。

遗憾是一种痛苦的心境，也是饱含悔恨与泪水的悲剧，更是人生中的不完整。但它同时又如傲雪寒梅，历经数九严寒的磨砺，散发出扑鼻的芬芳。

把"憾"字拆开来看就是一个"心"和一个"感"，心怀所感便是憾。人的一生，难免有沉浮，不会永远春风得意，如日中天，总会有不尽如人意或倍感遗憾的地方。但也正是因为留有遗憾，人生才有值得回味的东西萦绕心头，生命才显得更加意味深长。

每个人都在不断地追求完美的生活，但生活本身早已注定不会是完美的。追逐的失利，选择的不当，坚守的动摇，决策的失误，实施的差错，想当然中的意外，等等，都会让你体会到遗憾的滋味。人生不可能一帆风顺，总会有遗憾和挫折，也正是这些遗憾，构成了我们丰富多彩的人生经历，让我们更加深刻地理解生活的真谛。

悲剧之所以能让人记忆犹新，就是因为它的结局留有遗憾，才可以让人不断回味。"人面不知何处去，桃花依旧笑春风"，正是这种伊人已逝或是芳踪难寻才给人以无限的遐想，留下了终生难忘的缺憾美。人生本是沧海之一粟，却承载了太多的情非得已，其实回头看看，我们不妨以"登东皋以舒啸，临清流而赋诗"的豁达心态去面对人生中的种种缺憾。

在美国政坛中，有一位华裔女性常常以迷人的笑容出现在公众面前，在她温柔的笑容背后有着一颗无坚不摧的内心。她也是乔治·沃克·布什钦点的美国劳工部部长，一生效力过三位美国总统。她就是被称为"美国三朝元老"的赵小兰。

赵小兰出生于中国台北，后随父母移居美国。在美国，她接受了良好的教育，以优异的成绩考入曼荷莲学院，获得经济学学士学位。随后，她又进入哈佛大学商学院深造，并以优异成绩毕业。

与教育生涯同样顺遂的是她的政治生涯，她先后服务于里根、老布什、小布什三任总统，并在 2001 年成为美国历史上首位华裔内阁成员，担任劳工部部长。在任期间，她致力于保护劳动力健康、安全、薪资和退休保障等方面的工作，并推出了多项惠及劳动者的法案，受到众人的钦佩。

原生家庭优渥，教育生涯顺遂，事业更是顺风顺水，赵小兰的一生无疑是成功且令人瞩目的。然而，即便是这样的人生，仍有遗憾存在。

年轻时候的赵小兰，将所有时间、精力都奉献给了事业，无暇顾及自己的个人问题，使她错过了最佳生育年龄，如今年事已高，并无子女，十分遗憾。可若让她重来一次，她未必会改变原有的选择，因为怎么选都不会全对，也不能完美，鱼与熊掌本就不可兼得。

懂了遗憾，就懂了人生。人生没有完美，生活也没有完美，遗憾始终存在，并要伴随着我们走完一生。越过岁月的长河才发现，已经失去的东西很珍贵，没有得到的东西也很珍贵，但如果真正拥有了便再无这样的情愫，正如这如花美眷也敌不过似水流年。

生活的变幻莫测、无可定数，以及人们追逐完美的本性，决定了人生必将与遗憾结伴，如影相随。就像错过了本应得到的机会，懊恼难言是遗憾；失去了刻骨铭心的爱情，欲哭无泪是遗憾；树欲静而风不止，子欲养而亲不待还是遗憾……可以说，遗憾成就了人生的完整。

对于遗憾，只有在经历之后，我们才能明白，才能成熟。人生之路，不会总有枝繁叶茂的树、漫山遍野的花朵、蜂舞蝶飞的美好景色，它也会有狂风暴雨、雷鸣闪电、荆棘丛生，任谁也无法轻松跨越。

我们能做的就是允许遗憾的存在，这也是一种深刻的生活态度和人生哲学。它意味着在面对生活中的不如意时，我们能够以一种更加平和、成熟的心态去应对，而不是逃避或抗拒。

同时，我们不必为遗憾沮丧，因为遗憾本身就是生活的一部分。允许遗憾存在，就是接受生活的真实面貌，不追求完美无缺，学会在遗憾中寻找成长和进步的机会。

此外，我们不仅要允许遗憾存在，还要从中汲取力量，学会放下过去的痛苦和不甘，以更加平和、开放的心态去面对生活的起伏和变化。

义不容辞地奔赴"战场"

在这寂寥清冷的人间剧场，一个人要从开场走到落幕，是多么的不易。可风云变幻，起起落落，注定了难过的时刻不会永远存在，走下去，天会亮。

书上说，世界是由物质构成的，但在我看来，世界却是由故事构成的。故事里的人会击钟鼎食，会落魄潦倒，会迷途知返，会一波三折。无论怎样复杂的方程式，都推算不出他们的结局。所以，才会有那么多欲求不满的人感到绝望，因为他们觉得，天不会再亮了。

我曾看过一本书《大裂》，作者是一名叫胡迁的导演。他曾几次筹划自己的电影，都因无人赏识、拉不到投资而胎死腹中。他的书也因为受众面比较小，虽有口碑，但并没赚太多钱，最终穷困潦倒。

在他的微博里，曾这样写道：

这一年，出了两本书，拍了一部艺术片，新写了一本，总共拿了两万的版权稿费，电影一分钱没有，女朋友也跑了。今天网贷都还不上，还不上就借不出……

那部"一分钱也没有"的电影，不仅一分钱没有，还让他和制作方争执不下，矛盾激烈。这件事最终压倒了他。

之后，胡迁找了一个风和日丽的日子，结束了自己的生命。

然而，他不知道的是，他的电影《大象席地而坐》在他死之后，获柏林电影节论坛单元最佳影片奖。电影节官方甚至称赞这部作品"视觉效果震撼""是大师级的"。

影片揭露了北方土地上某些十分常见却又深入骨髓的戾气及荒诞，处处惊心，绝望而又柔软。作者分明陷入了一种偏执的走投无路中，但其实这个死胡同是假的，是作者内心的无望硬给安上去的。其实他知道还是有出路的，但他不相信，他不相信转机，不相信希望，他只愿意相信那个死胡同，无论电影还是现实。

他的执念真重啊，重到可以压倒所有温暖和快乐。分明再撑五个月，天就亮了，可惜，他没撑过去。

怀才不遇是过程，他却把它当成了结局。

在这寂寥清冷的人间剧场，一个人要从开场走到落幕，是多么的不易。可风云变幻，起起落落，注定了最难的时候不会永远存在。如果你要问那些看到曙光的人是怎么撑过来的，其实他们大多数都只是笨笨地熬，他们中的大多数人和你一样，面对困境无计可施。

所以，别低估生活的恶意，更别低估自己的能力。剧情远没到高潮，你还有翻盘的机会，我们都要义不容辞地奔赴人生的"战场"。如果实在熬不住，就释放一下。要知道，经历了漫长的黑夜之后，又是新的一天。

且挨过三冬四夏，忍受风雨冰霜，千锤百炼之后，大鹏才能振翅九霄。

保持善良，无论这世界有多冷漠

亲爱的姑娘，你给予他人心底的那份温暖，日后必定会成为照耀你的万丈光芒。不管这个世界有多冷漠，你都要保持善良。

横贯非洲大陆北部的撒哈拉沙漠，又被称为"死亡之海"。很多进入沙漠的探险者，都把性命留在了那里。

1814 年，一支考古队第一次打破了这个"死亡诅咒"。

当时，荒漠中随处可见探险者的骸骨，每一次队长都让大家停下来，选择高地挖坑，把骸骨掩埋起来，再用树枝或石块为他们立个简易的墓碑，以示对死者的尊重。

然而，沙漠中的骸骨实在太多了，掩埋工作占用了大量时间。队员们纷纷抱怨："我们到底是来考古的，还是来替人收尸的！"

面对众人的反对，队长只说了一句话："那是我们的伙伴，谁也不能让自己的伙伴暴尸荒野。"

一周后，考古队在沙漠中发现了许多古人遗迹和足以震惊世界的文物。正当他们欣喜若狂地准备离开时，突然刮起风暴，黄沙漫天，几天几夜看不见太阳。接着，连指南针也失灵了，考古队完全迷失方向，食物和淡水急剧匮乏，他们这才明白了为什么从前那些伙伴没能走出去。

就在大家几乎陷入绝望的时候，队长突然说道："别担心，我们的伙伴们已经在来时的路上给我们留下了路标！"就这样，他们沿着来时一路掩埋骸骨立起的墓碑，最终走出了撒哈拉沙漠。

在接受记者采访时，考古队的队员们都感慨："是善良，救了我们一命。"

当你帮了他人，无形中也救赎了自己，这就是善良。

在这喧嚣的世界里，我们早已不再纠结于"性本善"还是"性本恶"，我们只是更多地去设防，不惜代价地阻止别人伤害我们。在这个过程中，我们不可避免地冷漠、自私，甚至卑鄙。我们以为世界本就是这个样子的，于是将心底最后一丝善念埋藏起来，直到某一天，被某一个人或某一件事唤醒了，才恍然大悟，原来这个世界并没有那么冷漠，原来自己也曾美好过。

曾听过这样一个故事：

一个中秋夜，一家面店的老板娘正准备关门。这时来了一位妇人带着两个孩子，妇人穿着过时了的呢子大衣，两个孩子穿着洗得发白的旧棉服。

老板娘微笑着把他们请进了屋里。

妇人有些不好意思地说："我们要一碗汤面，谢谢。"身边的两个孩子怯怯地低下了头。

老板娘依旧微笑道："好的，稍等。"转身进了厨房，对着正在忙碌的男人说："煮面吧，老头子。"

一切看在眼里的男人，拿出了三个碗和三团面，老板娘立刻阻止道："你这样，人家会不好意思。"说着将一团半的面丢进了锅里，煮了满满一大碗，不动声色地端上了桌。母子三人吃得十分开心。

不一会儿吃完了，付完了面钱，妇人很认真地道了谢。

老板和老板娘微笑着目送他们离开。

转眼一年过去了，又到了中秋。这天人们都忙着回家过节，店里人很少，老板娘准备早点关门，就在这时快递员送来了一个包裹。

老板娘打开包裹看，是一盒十分精致的月饼和半份面的钱，钱里还夹着一张字条：感谢一年前你们给予我的那份体面的善良。

在这个光怪陆离的时代，我们至少要守住自己的善良。也许你那发自内心的关怀，表面看起来微不足道，却能给别人带来无限的光明和力量。

善良是人性深处的处女地。它最大的用处并不是为人们带来利益，也未必一定会带来福报，但它却能够净化人们看待世间万物的心灵，洗涤人们看待世事的双眼，舒缓我们向死而生的情绪，安抚我们辗转难眠的愁绪。

《大鱼·海棠》中有这样一句台词：只要你的心是善良的，对错都是别人的事。亲爱的姑娘，你给予他人心底的那份温暖，日后必定会成为照耀你的万丈光芒。不管这个世界有多冷漠，你都要保持善良。

靠人者自困，靠己者自渡

命运就像一辆马车，赶车人和拉车马都是我们自己，只要拿起鞭子，狠狠地抽，一切就都有转圜的余地。

从小你就明眸皓齿，眉目如画；原生家庭也是朱门绣户，殷实富足。这样的你，完全是白富美的人设。可是有一天，你爸要把你嫁给一个干城管的老男人。只是因为你爸觉得这个老男人长得有福气，很会吹牛，将来能当上体制内的头目。

嫁过去之后，人生就是另一番天地。这个老男人不仅有个儿子，还有个老父亲，家里穷得叮当响，不仅如此，他的流氓习气还特别重，爱酒好色，不爱干活。没办法，你只能挽起袖子，学着操持家事，每天任劳任怨，起早贪黑。可那个老男人却不以为然，继续在外面闲逛、喝酒、吹牛。

几年后，你生下一儿一女，你觉得人生又有了希望。可是晴天霹雳，那个不争气的老男人又犯了法，扔下你和孩子跑路了。随后你就被抓了起来，各种刑讯逼供，直到你对疼痛已经麻木，对刑具了如指掌的时候，时局乱了，你被放了出来。

你满腹怨愤，可依旧又回去撑起那个残破不堪的家。老男人呢？当了叛军，后来又扶摇直上做了首领，推翻了政府。并在这个过程中觅得真爱，对其温柔至极、宠爱有加。

乱世动荡，没过多久，老男人得罪了一个军阀头子。军阀头子怒火中烧，把正在田里刨食的你和老男人的父亲抓了起来做人质，其间差点把你炖了。天可怜见，老男人最终打了胜仗，你被放了出来。

你终于过上了大富大贵的日子，可你并没有丝毫懈怠，一方面帮老男人稳住局势，一方面努力培养儿子作为家业的继承人。就在这个时候，多年养尊处优、貌美如花的小三，几番鼓动老男人废了你的儿子，老男人唯命是从，到处和人说要让小三的儿子继承家产。

你仰天长啸，心如止水，多年苦心经营，终究是笑话一场。人间道，何处是正道？

于是你运筹帷幄，断戟重铸，横刀立马，杀伐天下。终于，晨光起于苍穹之峡，铺满阴霾之地，你赢了。

你，为生而戮，为恨而杀，为爱而战。那些不懂你的人说你残忍。是，你是残忍。可在乱世中，残忍是注定的，你若不是施方，那便是受方。敌人不会放过你，爱人不会放过你，时局更不会放过你。没用的女人，是活不下去的。

这就是吕雉，在那个时代异常励志的女人。抛开政治因素，我欣赏她的刚毅、果断、决绝。她在无数关键的时刻，都能体现自己的价值，所以虽然身处历史的漩涡，却并没有被时代抛弃。

什么样的女人结局最惨淡？自身没本事，一心只想攀附别人的女人。这是亘古不变的命运轨迹，并且，时至今日，愈演愈烈。

那么，现在想想你是这样的女人吗？你的存在对于单位是不是可有可无的，是不是会被人轻易取代？你是不是一心只想嫁有钱人？你对家庭的贡献有多少，是不是零收入？此外，在教育子女上，你是不是显得无能为力；在家庭面对风雨与变故的时候，你是不是又无计可施？……

如果以上问题的答案为"是"，那么，你正行走在被世界抛弃的路上，惨淡与悲凉在你人生的终点站，等候已久。

结局有可能逆转吗？能啊。命运就像一辆马车，赶车人和拉车马都是我们自己，只要手起鞭落，狠狠地抽，一切就都有转圜的余地。所以，你需要动起来，去改变眼下婚姻和工作中的劣势地位，千万不能想着顺其自然。什么是顺其自然？顺其自然就是随便，随便就是要放弃，一旦放弃，比赛就提前结束了。想想我刚才说的有什么在人生的终点站等你，可不可怕?

世上有两难：登天难，求人更难。季羡林先生说过，人间万千光景，苦乐喜忧，跌撞起伏，除了自渡，其他人爱莫能助。如果不想面对未来无数的灾难，就先去尝试人生的裂变吧，走出来后你就不是从前的你了。

做一个有锋芒的人

如果天空是黑暗的，那就摸黑生存，但不要习惯了黑暗就为黑暗辩护。我们该做的是在太阳底下，吸取足够的力量，再去捍卫人性中的所有的仁慈。

我的朋友林夏，是一个非常善良的人。初入职场时，无论谁需要帮助，她都会伸出援手。然而，她的善良却并没有为她带来相应的尊重。因为同事们知道林夏好说话后，经常把一些本该自己完成的工作推给她，或者无意间在她面前诉说自己的困难，然后顺理成章地让她帮忙解决。

一开始，林夏并没有觉得有什么不妥。然而，随着时间的推移，她发现自己越来越忙碌，人们也渐渐把她的帮助视为理所应当。有几次她因为实在忙不开推脱后，同事们反而埋怨起了她。这时，林夏才开始意识到，善良是要有底线和锋芒的。

她开始学会拒绝一些不合理的请求。遇到求助时，她不再盲目地帮助别人，而是先思考自己是否有能力和时间去完成，以及对方是否值得帮助。

当林夏开始展现出"锋芒"时，她发现自己的生活变得更加有序和轻松，不再被别人的请求所束缚，能够更好地安排自己的时间和生活。同时，她也发现，那些真正需要她帮助的人会更加尊重她的付出，她的善良也得到了回报。

善良之于我们是非常宝贵的品质，但与此同时，也需要锋芒来守护。只有当我们既能够保持善良，又能够坚守自己的原则和底线时，才能够在复杂的人际关系中保持平衡和稳定，实现自我价值和人生目标。

生活会对我们的善良予以奖励，但这一前提是我们要有自保的能力。因为善良并不意味着我们要无条件地牺牲自己，当善良"泛滥"，却无实力来匹配时，将是一场灾难。

如果天空是黑暗的，那就摸黑生存，但不要习惯了黑暗就为黑暗辩护。我们该做的是在太阳底下，吸取足够的力量，再去捍卫人性中的所有的仁慈。

这一切，都需要以理智为前提。

总之，在现实生活中，我们常常会遇到一些需要帮助的人或事，如果不加分辨地伸出援手，有时可能会让自己陷入困境，而有时则会让自己遭受灭顶之灾。所以，善良一定是需要原则与底线的。